博碩文化

Facebook
互動行銷

社群網路創業經營潮 ＋ 廣告利益超越傳統大躍進
臉書行銷一手掌握，靠小預算玩出龐大商機！

- 從零打造粉絲專頁和社團，輕鬆掌握無負擔
- 整合雲端分享服務，粉絲專頁更驚豔
- IG 行銷、打卡、探索周邊、Marketplace，輕鬆增加業績
- 掌握祕訣與行銷技巧，經營高手非你莫屬
- 熟知資安防護，帳號隱私不外洩
- 實戰專頁的管理與推廣，行動行銷不求人
- 以低行銷成本，經營最出色的粉絲專頁

鄭苑鳳 著
ZCT 策劃

作　　者：鄭苑鳳 著 / ZCT 策劃
責任編輯：賴彥穎 Kelly

董 事 長：陳來勝
總 編 輯：陳錦輝

出　　版：博碩文化股份有限公司
地　　址：221 新北市汐止區新台五路一段 112 號 10 樓 A 棟
　　　　　電話 (02) 2696-2869　傳真 (02) 2696-2867

郵撥帳號：17484299　戶名：博碩文化股份有限公司
博碩網站：http://www.drmaster.com.tw
讀者服務信箱：dr26962869@gmail.com
訂購服務專線：(02) 2696-2869 分機 238、519
（週一至週五 09:30 ～ 12:00；13:30 ～ 17:00）

版　　次：2022 年 03 初版
建議零售價：新台幣 560 元
I S B N：978-626-333-038-2（平裝）
律師顧問：鳴權法律事務所 陳曉鳴 律師

本書如有破損或裝訂錯誤，請寄回本公司更換

國家圖書館出版品預行編目資料

Facebook互動行銷：社群網路創業經營潮+廣告利益
超越傳統大躍進 臉書行銷一手掌握，靠小預算玩出
龐大商機！/鄭苑鳳著. -- 初版. -- 新北市：博碩文化
股份有限公司, 2022.03

　　面；　公分 --

ISBN 978-626-333-038-2(平裝)

1.CST：網路行銷　2.CST：網路社群

496　　　　　　　　　　　　　　　111002049

Printed in Taiwan

博 碩 粉 絲 團

歡迎團體訂購，另有優惠，請洽服務專線
(02) 2696-2869 分機 238、519

序言

Facebook 是全球最熱門且擁有最多會員人數的社群網站，這些年來臉書不斷的推出各項功能，例如「相機」功能包含數十種的特效，讓用戶可使用趣味或藝術風格的濾鏡特效拍攝影像，讓照片充滿搞怪及趣味性。「限時動態」以稍縱即逝的動態方式分享創意影像，透過臉書打卡與分享照片。臉書粉絲團更能讓商店增加品牌業績，對店家來說也是接觸普羅大眾最普遍的管道之一。

又如「視訊直播」可以透過手機隨時做 Live 秀，讓歡樂的分享無時差，甚至帶動行銷風潮，成為商品買賣的新戰場。直播過程可以留言、加入表情符號的感受，直播拍賣後的視訊放在粉絲專頁或社團中，除了方便網友點閱瀏覽，還能標出下次直播時間，方便粉絲預留時間收看，預告下次競標項目能引起潛在客戶的興趣，或是分享直播送贈品，讓直播影片的擴散力最大化。

除此之外，Facebook 有幾個免費商業工具，包括 Facebook 預約、主辦付費線上活動、發佈徵才貼文、在網站新增聊天室。各位可以透過 Facebook 主辦線上活動並開放付費參加，讓粉絲在線上齊聚一堂，也只有這些粉絲可以以付費的方式來獨享內容，對主辦活動者而言也是可以增加收入。如果經營臉書的商家有工作伙伴或人才的需求，還可以在你的商家發佈徵才貼文，來協助各位快速找到合適的人才。甚至還可以在您的網站設定 Messenger 聊天室，來加強與粉絲之間的互動，即時回應有關商家的各種問題，有助於商家業績的推廣與提升。

臉書提供各種的免費廣告與付費廣告，讓企業主或新商家可以依照各自的情況選擇適合的廣告行銷方式，現在粉絲專頁也可以認領社團，管理者既可分眾管理會員，也可以透過洞察報告了解各項分析資料，做為廣告行銷時的參考，再加上地標打卡、探索周邊增強了在地服務與商家資訊、Facebook Marketplace 可以買賣商品、還有建立活動、活動標註、票選活動、建立優惠折扣、行動按鈕、票選活動、徵才發布、商品標註…等，這樣的臉書行銷效果就可以讓商家以小博大，以最小的成本創造出最大的利潤。

當你未深入研究 Facebook，可能很多功能都不知道，也不知如何善用這些功能來行銷你的品牌 / 商品，而本書循序漸進的介紹臉書的各種使用技巧與行銷方式，假如你想突破網路行銷的困境，利用粉絲專頁或社團來經營你的商品，或是想要增加實體店面的業績，那麼這本書絕對是你的好夥伴，這本書將你可能碰到的問題分類整理出來，讓你對臉書的經營與行銷有更深一層認知，能靈活運用臉書來行銷，以最小的預算達到最大化的行銷目的。本書以嚴謹的態度，搭配圖說做最精要的表達，期望大家降低閱讀的壓力，輕鬆掌握臉書行銷宣傳的要訣。

目錄

Chapter **03** 菜鳥小編必學的達人粉專心法

Chapter 04 最強粉專經營臉書淘金術

Chapter 05 粉絲行銷超熱門的應用程式

Chapter **06** 讓粉絲甘心掏錢的行銷密技

Chapter 07 實店業績提高術與 SEO 隱藏版必殺技

Chapter 08 打造雲端服務與粉絲專頁的完美體驗

Chapter 09 最省心的臉書資安保護錦囊

Chapter **10** 讓粉絲甘心掏錢的社團行銷企劃

Appendix **A** 老鳥鐵了心都要懂得最夯網路行銷與臉書專業術語

01

新手玩轉社群行銷
入門課

時至今日，我們的生活已經離不開網路，網路正是改變一切的重要推手，而與網路最形影不離的就是「社群」。社群的觀念可從早期的BBS、論壇，一直到部落格、Plurk（噗浪）、Twitter（推特）、Facebook、Instagram、LINE微博，主導了整個網路世界中人跟人的對話，網路傳遞的主控權已快速移轉到網友手上，例如臉書（Facebook）的出現令民眾生活形態有了不少改變，在 2017 年底時全球每日活躍用戶人數也成長至 23 億人，這已經從根本撼動我們現有的生活模式了。在還沒有開始介紹臉書行銷的相關技巧時，我們首先就來認識社群行銷的各種特性與原理。

✤ 美國總統川普經常在推特上發文表達政見

隨著網路行銷的快速發展與崛起，對於店家能夠用較少的預算觸及到更多的受眾；其中社群媒體便是一項重要的資訊交流平台，也興起了社群行銷的模式，嘗試來提供企業更精準洞察消費者的需求，並帶動網站商品的社群商務效益。社群平台的盛行，讓全球電商們有了全新的商務管道。簡單來說，好好利用社群媒體，不用花大錢，小品牌也能在市場上佔有一席之地。

✤ 臉書不但引發轟動，當年更是掀起一股「偷菜」熱潮

由於社群平台的種類越來越多，曝光管道也越來越多元，但是經營方式卻各有不同，顯然社群媒體已經成為我們生活中的一部分，店家要事先思考利用什麼社群平台來接觸目標客群，才能達到事半功倍的效果。例如 Facebook 本身是媒

體平台，以內容為核心，廣泛地連結到每個人生活圈的朋友跟家人，堪稱每人都會路過的國民社群，臉書精於資訊的生產和傳播，更多是用來發表訊息。不過與粉絲關係較弱的社群平台！而 Line 從一誕生就是以用戶關係為核心建立起來的社群平台，就是由一對一的使用情境而出發延伸，大多數都是以親友、同事、同學等等在生活上有交集的人組成，在資訊傳播上不如 Facebook，人與人之間的交流才是這個平台的價值所在，相當適合精準行銷。

▶ 社群網路的異想世界

「社群」最簡單的定義，可以看成是一種由節點（Node）與邊（Edge）所組成的圖形結構（Graph），其中節點所代表的是人，至於邊所代表的是人與人之間的各種相互連結的多重關係，新的成員又會產生更多的新連結，節點間相連結的邊的定義具有彈性，甚至於允許節點間具有多重關係，整個社群所帶來的價值就是每個連結創造出個別價值的總和，進而形成連接全世界的社群網路。

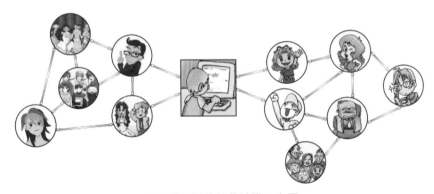

❖ 社群網路的網狀結構示意圖

🔵 Tips

社群網路服務（SNS）是 Web 體系下的一個技術應用架構，基於哈佛大學心理學教授米爾格藍（Stanley Milgram）所提出的「六度分隔理論」（Six Degreesof Separation）來運作。這個理論主要是說在人際網路中，平均而言只需在社群網路中走六步即可到達，簡單來說，這個世界事實上是緊密相連著的，只是人們察覺不出來，地球就像 6 人小世界，假如你想認識美國總統川普，只要找到對的人在 6 個人之間就能得到連結。

💬 社群消費者的模式

網際網路的迅速發展改變了科技改變企業與顧客的互動方式，創造出不同的服務成果，一般傳統消費者之購物決策過程，是由廠商將資訊傳達給消費者，並經過一連串決策心理的活動，然後付諸行動，我們知道傳統消費者行為的 AIDA 模式，主要是期望能讓消費者滿足購買的需求，所謂 AIDA 模式說明如下：

- **注意（Attention）**：網站上的內容、設計與活動廣告是否能引起消費者注意。
- **興趣（Interest）**：產品訊息是不是能引起消費者興趣，包括產品所擁有的品牌、形象、信譽。
- **渴望（Desire）**：讓消費者看產生購買慾望，因為消費者的情緒會去影響其購買 為。
- **行動（Action）**：使消費者產立刻採取行動的作法與過程。

全球網際網路的商業活動，仍然在持續高速成長階段，同時也促成消費者購買行為的大幅度改變，根據各大國外機構的統計，網路消費者以 30-49 歲男性為領先，教育程度則以大學以上為主，充分顯示出高學歷與相關專業人才及學生，多半為網路購物之主要顧客群。相較於傳統消費者來說，隨著購買頻率的增加，消費者會逐漸累積購物經驗，而這些購物經驗會影響其往後的購物決策，網路消費者的模式就多了兩個 S，也就是 AIDASS 模式，代表搜尋（Search）產品資訊與分享（Share）產品資訊的意思。

✤ 搜尋與分享是網路消費者的最重要特性

各位平時有沒有一種體驗，當心中浮現出購買某種商品的慾望，你對商品不熟，通常會不自覺打開 Google、臉書、Line 或搜尋各式社群平台，搜尋網友對購買過這類商品的使用心得或相關經驗，或專注在「特價優惠」的網路交易，購物者通常都會投入很多時間在這個產品搜尋的過程，特別是年輕購物者都有行動裝置，很容用來尋找最優惠的價格，所以搜尋（Search）是網路消費者的一個重要特性。在網路世界中，搜尋引擎與社群平台是引導用戶發現資訊的重要媒介。隨著越來越多的人習慣在 Google 和其他社群平台查找產品和服務，搜尋結果顯示的排名差距關乎搜尋曝光和流量大小，這也是本書中要討論網路行

銷與 SEO 的連動性。此外，喜歡分享（Share）也是網路消費者的另一種特性之一，網路最大的特色就是打破了空間與時間的藩籬，與傳統媒體最大的不同在於「互動性」，由於大家都喜歡在網路上分享與交流，分享（Share）是行銷的終極武器，除了能迅速傳達到消費族群，也可以透過消費族群分享到更多的目標族群裡。

社群商務

根據國外最新的統計，88% 的消費者會被社群其他用戶的意見或評論所影響，表示 C2C（消費者影響消費者）模式的力量愈來愈大，已經深深影響大多數重度網路者的購買決策，這就是社群口碑的力量，藉由這股勢力，漸漸的發展出另一種商務形式「社群商務」（Social Commerce）。

Tips

「消費者對消費者」（consumer to consumer, C2C）模式就是指透過網際網路交易與行銷的買賣雙方都是消費者，由客戶直接賣東西給客戶，網站則是抽取單筆手續費。每位消費者可以透過競價得到想要的商品，就像是一個常見的傳統跳蚤市場。

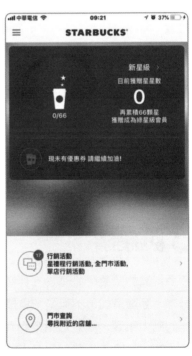

社群商務（Social Commerce）的定義就是社群與商務的組合名詞，透過社群平台獲得更多顧客，由於社群中的人們彼此會分享資訊，相互交流間接產生了依賴與歸屬感，並利用社群平台的特性鞏固粉絲與消費者，不但能提供消費者在社群空間的討論分享與溝通，又能滿足消費者的購物慾望，更進一步能創造企業或品牌更大的商機。

✿ 星巴克相當擅長社群與實體店面的行銷整合

✿ 微博是進軍中國大陸市場的主要社群行銷平台

臉書（Facebook）在 2018 年底時全球使用人數已突破 25 億，臉書從 2009 年 Facebook 在臺灣開始火熱起來之後，小自賣雞排的攤販，大至知名品牌、企業的大老闆，都紛紛在臉書上頭經營粉絲專頁（Fans Page），透過臉書與分享照片，更讓學生、上班族、家庭主婦都為之瘋狂。臉書創辦人馬克佐克伯：「如果我一定要猜的話，下一個爆發式成長的領域就是「社群商務」（Social Commerce），今日的的社群媒體，已進化成擁有策略思考與行銷能力的利器，社群平台的盛行，讓全球電商們有了全新的商務管道，不用花大錢，小品牌也能在市場上佔有一席之地。

粉絲經濟

粉絲經濟的定義就是基於社群商務而形成的一種經濟思維，透過交流、推薦、分享、互動模式，不但是一種聚落型經濟，社群成員之間的互動是粉絲經濟運作的動力來源，就是泛指架構在粉絲（Fans）和被關注者關係之上的經營性創新行為。品牌和粉絲就像戀人一對戀人樣，在這個時代做好粉絲經營，首先要知道粉絲到社群是來分享心情，而不是來看廣告，現在的消費者早已厭倦了老舊的強力推銷手法，唯有仔細傾聽彼此需求，關係才能走得長遠。

用心回覆訪客貼文是提升商品信賴感的方式之一

✤ 晶華酒店粉絲專頁經營就相當成功

⬤ SoLoMo 模式

近年來公車上、人行道、辦公室,處處可見埋頭滑手機的低頭族,隨著愈來愈多社群提供了行動版的行動社群,透過手機使用社群的人口正在快速成長,形成行動社群網路(Mobile social network),這是一個消費者習慣改變的結果,當然有許多店家與品牌在 SoLoMo(Social、Location、Mobile)模式中趁勢而起。

所謂 SoLoMo 模式是由 KPCB 合夥人約翰、杜爾(John Doerr)2011 年提出的一個趨勢概念,強調「在地化的行動社群活動」,主要是因為行動裝置的普及和無線技術的發展,讓 Social(社交)、Local(在地)、Mobile(行動)三者合一能更為緊密結合,顧客會同時受到社群(Social)、本地商店資訊(Local)、以及行動裝置(Mobile)的影響,代表行動時代消費者會有以下三種現象:

- 社群化(Social):在行動社群網站上互相分享內容已經是家常便飯,很容易可以仰賴社群中其他人對於產品的分享、討論與推薦。
- 本地化(Local):透過即時定位找到最新最熱門的消費場所與店家訊息,並向本地店家購買服務或產品。

- 行動化（Mobile）：民眾透過手機、平板電腦等裝置隨時隨地查詢產品或直接下單購買。

✤ 行動社群行銷提供即時購物商品資訊

例如想找一家評價比較高的餐廳用餐，透過行動裝置上網與社群分享的連結，然而藉由適地性服務（LBS）找到附近的口碑不錯的用餐地點，都是 SoLoMo 最常見的生活應用。

> **⊘ Tips**
>
> 「適地性服務」（Location Based Service, LBS）或稱為「定址服務」，就是行動領域相當成功的環境感知的種創新應用，就是指透過行動隨身設備的各式感知裝置，例如當消費者在到達某個商業區時，可以利用手機等無線上網終端設備，快速查詢所在位置周邊的商店、場所以及活動等即時資訊。

▶ 社群行銷的四種 DNA

社群行銷（Social Media Marketing）真的有那麼大威力嗎？根據最新的統計報告，有 2/3 美國消費者購買新產品時會先參考社群上的評論，且有 1/2 以上受訪者會因為社群媒體上的推薦而嘗試新品牌。大陸紅極一時的小米機用經營社群與粉絲專業，發揮口碑行銷的最大效能，使得小米品牌的影響力能夠迅速在市場上蔓延。社群行銷不只是一種網路工具的應用，還能促進真實世界的銷售與客戶經營，並達到提升黏著度、強化品牌知名度與創造品牌價值。所謂「戲法人人會變，各有巧妙不同」，首先就必須了解社群行銷的四大特性。

❖ 小米機成功運用社群贏取大量粉絲

⬤ 分享性

在社群行銷的層面上，有些是天條，不能違背，例如「分享與互動」，溝通絕對是經營品牌的必要成本，要能與消費者引發「品牌對話」的效果，例如粉絲團或社團經營，最重要的都是活躍度。社群並不是一個可以直接販賣銷售的工具，有些品牌覺得設了一個 Facebook 粉絲頁面，三不五時到 FB 貼貼文，就可以趁機打開知名度，讓品牌能見度大增，這種想法是大錯特錯，許多人成為你的粉絲，不代表他們就一定想要被你推銷。

社群最強大的功能是交朋友，網友的特質是「喜歡分享」、「需要溝通」、「心懷感動」，經營社群網路需要時間與耐心經營，講究的就是互動與分享，其中互動率並不是單純的數字高低，而是相對他給你的觸及數比例，因為許多社群演算法的運作依據是越多互動，反而就會把你的內容給越多人看，進而提高品牌曝光率與顧客觸及率，許多平台其實看不懂你寫了什麼，它只看得到網友的反應與行為互動數據。切記！一個按讚又點連結的權重，當然會遠高於單獨按讚或者單獨點連結所帶來的商業效應。

分享更是社群行銷的終極武器，例如在社群中分享客戶的真實小故事，或連結到官網及品牌社群網站等，絕對會比廠商付費的推銷文更容易吸引人，粉絲到社群是來分享心情，而不是來看廣告，現在的消費者早已厭倦了老舊的強力推銷手法，商業性質太濃反而容易造成反效果，如果粉絲頁內容一直要推銷賣東西，消費者便不會再追蹤這個粉絲頁。

✤ 陳韻如小姐靠著分享瘦身經驗帶著大量的粉絲

社群上相當知名的 iFit 愛瘦身粉絲團，已經建立起全台最大瘦身社群，創辦人陳韻如小姐主要是經常分享自己的瘦身經驗，除了將專業的瘦身知識以淺顯短文

方式表達，強調圖文整合，穿插討喜的自製插畫，搭上現代人最重視的運動減重的風潮，讓粉絲感受到粉絲團的用心分享與互動，難怪讓粉絲團大受歡迎。

🗨 黏著性

好的社群行銷技巧，絕對不是只把品牌當廣告，社群行銷成功的關鍵字不在「社群」，而在於「互動」！現代人已經無時無刻都藉由網路緊密連結在一起，只是連結型式和平台不斷在轉換，而且能讓相同愛好的人可以快速分享訊息，不斷創造話題和粉絲產生互動再互動。社群行銷的難處在於如何促使粉絲停留，好處卻是忠誠度所帶來的「轉換率」，要做社群行銷，就要牢記不怕有人批評你，只怕沒人討論你的鐵律。

其實店家光是會找話題，還不足以引起粉絲的注意，特別是根據統計，社群上只有百分之一的貼文，被轉載超過七次，贏取粉絲信任是一個長遠的過程，因為社群而產生的粉絲經濟，是與「人」相關的經濟，消費者選擇創造「共享價值」的品牌正在上升，「熟悉衍生喜歡與信任」是廣受採用的心理學原理，並產生忠誠和提高績效的積極影響，進而提升粉絲黏著度，強化品牌知名度與創造品牌價值。

✤ 蘭芝利用社群來培養小資女的黏著度

例如蘭芝（LANEIGE）隸屬韓國 AMORE PACIFIC 集團，主打是具有韓系特點的保濕商品，蘭芝粉絲團在品牌經營的策略就相當成功，目標是培養與粉絲的長期關係，為品牌連結更多新顧客，務求把它變成一個每天都必須跟粉絲聯繫與互動的平台，這也是增加社群歸屬感的好方法，包括每天都會有專人到不同平台的粉絲頁去維護留言，將消費者牢牢攬住。

Ø Tips

> 轉換率（Conversion Rate）就是網路流量轉換成實際訂單的比率，訂單成交次數除以同個時間範圍內帶來訂單的廣告點擊總數。

◯ 傳染性

社群行銷本身就是一種商務與行銷過程，也是創造分享的口碑價值的活動。許多人做社群行銷，經常只顧著眼前的業績目標，妄想要一步登天式的成果，行銷內容一定要有梗，身處在社群世界，每個人都是一個媒體中心，可以快速的自製並上傳影片、圖文，行銷如病毒般傳染，過程是創造分享口碑價值的活動。因為有梗的內容能在「吵雜紛擾」的社群世界脫穎而出，同時也會帶來人氣，對於兩個功能差不多的商品放在消費者面前，只要其中一個商品多了「人氣」的特色，消費者就容易有了選擇的依據。

社群行銷的目標是想辦法激發粉絲有初心來使用推出的產品。透過社群的口碑效應，同時拉大了傳遞與影響的範圍，透過現有顧客吸引新顧客，利用口碑、邀請、推薦和分享，在短時間內提高曝光率，潛移默化中把粉絲變成購買者，造成了現有顧客吸引未來新顧客的傳染效應。

Ø Tips

> 一篇好的貼文內容就像說一個好故事，沒人愛聽大道理，一個觸動人心的故事，反而更具行銷感染力，幫你的產品或品牌說一個好故事，其中特別是以影片內容最為有效可以吸引人點閱。內容行銷必須更加關注顧客的需求，因為創造的內容還是為了某種行銷目的，銷售意圖絕對要小心藏好，也不能只是每天產生一堆內容，必須長期經營並追蹤與顧客的互動。

❖ 臉書創辦人祖克柏也參加 ALS 冰桶挑戰賽

2014 年由美國漸凍人協會發起的冰桶挑戰賽就是一個善用社群媒體來進行使用者創作內容（User Generated Content, UCG）行銷的成功活動。這次的公益活動的發起是為了喚醒大眾對於肌萎縮性脊髓側所硬化症（ALS），俗稱漸凍人的重視，挑戰方式很簡單，志願者可以選擇在自己頭上倒一桶冰水，或是捐出 100 美元給漸凍人協會。除了被冰水淋濕的畫面，正足以滿足人們的感官樂趣，加上活動本身簡單、有趣，更獲得不少名人加持，讓社群討論、分享、甚至參與這個活動變成一股潮流，不僅表現個人對公益活動的關心，也和朋友多了許多聊天話題。

⊘ Tips

使用者創作內容（User Generated Content, UCG）行銷就是由使用者來創作內容的一種行銷方式，這種聚集網友創作來內容，也算是近年來蔚為風潮的數位行銷手法的一種，可以看成是一種由品牌設立短期的行銷活動，觸發網友的積極性，去參與影像、文字或各種創作的熱情，這種由品牌設立短期的行銷活動，使廣告不再只是廣告，不僅能替品牌加分，也讓網友擁有表現自我的舞台，讓每個參與的消費者更靠近品牌。

💬 多元性

社群行銷的多元性可以從行銷手法與工具之多，簡直讓人眼花撩亂，從事社群行銷，絕對不是只靠 SOP 式的發發貼文，就能夠吸引大批粉絲關心，社群平台為了因應市場的變化，幾乎每天都在調整演算法，由於社群經常更新，全新的平台也不斷產生，隨著不同類型的社群平台相繼問世，已產生愈來愈多的專業分眾社群，想要藉由社群網站告知並推廣自家的企劃活動，就必須抓住各個社群的特徵。

✤ Gap 透過 IG 發佈時尚潮流短片，帶來業績大量成長

「粉絲多不見得好，選對平台才有效！」經營社群媒體的目的是讓自己更容易被看到，選對自己同溫層（Stratosphere）的社群相當重要，在擬定社群行銷策略時，你必須要注意「受眾是誰」、「用哪個社群平台最適合」。行銷手法或許跟著平台轉換有所差異，但消費人性是不變，如果你想成功經營社群，就必須設法跟上各種社群的最新脈動。例如在臉書發文則較適合發溫馨、實用與幽默的日常生活內容，使用者多數還是習慣以文字做為主要溝通與傳播媒介，Twitter 由於有限制發文字數，不過有效、即時、講重點的特性在歐國各國十分流行。

🔵 Tips

「同溫層」（Stratosphere）所揭示的是一個心理與社會學上的問題，美國學者桑斯坦（Cass Sunstein）表示：「雖然上百萬人使用網路社群來拓展視野，同時也可能建立起新的屏障，許多人卻反其道而行，積極撰寫與發表個人興趣及偏見，使其生活在同溫層中。」簡單來說，與我們生活圈接近且互動頻繁的用戶，通常同質性高，所獲取的資訊也較為相近，容易導致比較願意接受與自己立場相近的觀點。

❖ Pinterest 在社群行銷導購上成效都十分亮眼

如果各位想要經營好年輕族群，Instagram 就是在全球這波「圖像比文字更有力」的趨勢中，崛起最快的社群分享平台，至於 Pinterest 則有豐富的飲食、時尚、美容的最新訊息。LinkedIn 是目前全球最大的專業社群網站，大多是以較年長，而且有求職需求的客群居多，有許多產業趨勢及專業文章如果是針對企業用戶，那麼 LinkedIn 就會有事半功倍的效果，反而對一般的品牌宣傳不會有太大效果。如果是針對零散的個人消費者，推薦使用 Instagram 或 Facebook 都很適合，特別是 Facebook 能夠廣泛地連結到每個人生活圈的朋友跟家人。社群行銷時必須多多思考如何抓住口味轉變極快的社群，就能和粉絲間有更多更好的互動，才是成功行銷的不二法門。

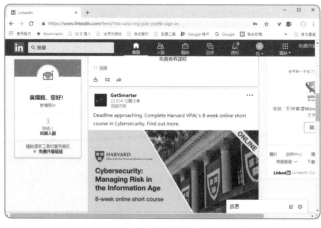

❖ LinkedIn 是全球最大專業人士社交網站

▶ 社群行銷的品牌贏家心法

許多企業只將社群平台當作是推銷的傳聲筒,卻忽略了社群平台最重要的目的就是建立品牌。社群行銷不只是一種網路商務工具的應用模式,還能促進真實世界的銷售與客戶經營,並達到提升黏著度、強化品牌知名度與創造品牌價值。時至今日,品牌或商品透過社群行銷儼然已經成為一股顯學,近年來已經成為一個熱詞進入越來越多商家與專業行銷人的視野。

✤ 許多默默無名的品牌透過社群行銷而爆紅

品牌(Brand)就是一種識別標誌,也是一種企業價值理念與商品質優異的核心體現,甚至品牌已經成長成為現代企業的寶貴資產,我們可以形容品牌就是代表店家或企業你對客戶的一貫承諾,最終目的不只是追求銷售量與效益,而是重新思維與定位自身的品牌策略,最重要的是要能與消費者引發「品牌對話」的效果。社群行銷的第一步驟就是要了解你的品牌與產品定位,並且分析出你的目標受眾(Target Audience, TA)。畢竟做便當的、賣保養品的,目標受眾會一樣嗎?想當然肯定不一樣。應該如何挑選最合適的社群媒體平台以接觸目標客群,達到最好的效果。過去企業對品牌常以銷售導向做行銷,忽略顧客對品牌的定位認知跟了解,隨著目前社群的影響力愈大,培養和創造品牌的過程是一種不斷創新的過程。

✤ 蝦皮購物平台的終極的行銷策略就是「品牌大於導購」

例如最近相當火紅的蝦皮購物平台在進行社群行銷的終極策略就是「品牌大於導購」，有別於一般購物社群把目標放在導流上，他們堅信將品牌建立在顧客的生活中，建立在大眾心目中的好印象才是現在的首要目標。社群品牌行銷要成功，首先要改變傳統思維，成功的關鍵在於與客戶建立連結，所謂「戲法人人會變，各有巧妙不同」，想要開始經營你的社群，各位就必須遵守社群品牌行銷的四大贏家心法。

💬 一擊奏效的品牌定位原則

企業所面臨的市場就是一個不斷變化的環境，而消費者也變得越來越聰明，首先我們要了解並非所有消費者都是你的目標客戶，企業必須從目標市場需求和市場行銷環境的特點出發，特別應該要聚焦在目標族群，透過環境分析階段了解所處的市場位置，對於不同的目標，你需要有多個廣告活動，以及對應不同意圖的目標受眾，再透過社群行銷規劃競爭優勢與精準找到目標客戶。

❖ 東京著衣經常透過臉書與粉絲交流

東京著衣創下了網路世界的傳奇，更以平均每二十秒就能賣出一件衣服，獲得網拍服飾業中排名第一，就是因為打出了成功的品牌定位策略。東京著衣的定位策略主要是以台灣與大陸的年輕女性所追求大眾化時尚流行的平價衣物為主。產品行銷的初心在於不是所有消費者都有能力去追逐名牌，許多年輕族群希望能夠低廉的價格買到物超所值的服飾，根據調查，大部分年輕使用者選擇了更具個人空間的社群平台，東京著衣就特別選擇臉書與 IG 作為行銷平台，並搭配以不同單品搭配出風格多變的精美造型圖片，讓大家用平價實惠的價格買到喜歡的商品，更進一步採用「大量行銷」來滿足大多數女性顧客的需求。

打造粉絲完美互動體驗

「做社群行銷就像談戀愛，多互動溝通最重要！」許多人做社群行銷，經常只顧著眼前的業績目標，想要一步登天式的成果，然而經營社群網路需要時間與耐心經營，目標是想辦法激發粉絲初次使用產品的興趣。店家或品牌靠社群力量

吸引消費者來購買，一定要掌握雙向溝通的原則，「互動」才是真正社群行銷的精髓所在。各位增加品牌與粉絲們的互動，其實就如同交朋友一樣，從共同話題開始會是萬無一失的方法！因為提升粉專互動度可以有效提升曝光率，這也是每個粉專經營都非常需要的功課。

✤ 桂格燕麥與粉絲的互動就相當成功

很多店家開始時都將目標放在大量的追蹤者，不過缺乏互動的追蹤者，對品牌而言幾乎是沒有益處。如同日常生活中的朋友圈，社群上的用語要人性化，才顯得真誠有溫度，因為他們很想知道答案才會發問，回答粉絲的留言要將心比心，用心回覆訪客貼文是提升商品信賴感的方式，所以只要想像自己有疑問時，希望得到什麼樣的回答，就要用同樣的態度回覆留言。由於貼文的內容要吸引粉絲的注意，當然就不能一昧地推銷自家產品比別人好，粉絲絕對不是為了買東西而使用社群，也不是為了撿便宜而對某一主題按讚，盡量要像是與好朋友面對面講話一般，這樣的作法會讓讀者感到被尊重，進而提升對品牌的好感，如此就有了購買的機會和衝動，如果不能積極回覆粉絲的留言，粉絲也會慢慢離開你。

💬 瞬間引爆的社群連結技巧

由於行動世代已經成為今天的主流,社群媒體仍是全球熱門入口 APP,我們知道社群平台可以說是依靠行動裝置而壯大,Facebook、Instagram、LINE、Twitter、SnapChat、Youtube 等各大社群媒體,早已經離不開大家的生活,社群的魅力在於它能自己滾動,由於青菜蘿蔔各有喜好不同,社群行銷之前必須找到消費者者愛用的社群平台進行溝通。由於所有行銷的本質都是「連結」,對於不同受眾來說,需要以不同平台進行推廣,因此社群平台間的互相連結能讓消費者討論熱度和延續的時間更長,理所當然成為推廣品牌最具影響力的管道之一。

每個社群都有它獨特的功能與特點,社群行銷的特性都是因為「連結」而提升,了解顧客需求並實踐顧客至上的服務,建議各位可將上述的社群網站都加入成為會員,品牌也開始尋找其他適當社群行銷平台,只要有行銷活動就將訊息張貼到這些社群網站,或是讓這些社群相互連結,不過切記從內容策略到受眾規劃都必有所不同,不要只會一成不變投放重複的資訊,才能受到更多粉絲關注。一旦連結建立的很成功,「轉換」就變成自然而然,如此一來就能增加網站或產品的知名度,大量增加商品的曝光機會,讓許多人看到你的行銷內容,對你的內容產生興趣,最後採取購買的行動,以發揮最大成效。

💬 定期追蹤與分析行銷成效

隨著社群時代來臨,行銷的本質和方法已經悄悄改變,社群行銷的模式千變萬化,沒有所謂最有效的方法,只有適不適合的策略,社群行銷常被認為是較精準的行銷,例如臉書平台具備全世界最精準的「分眾」能力(Segmentation),「分眾」即是多采多姿的興趣社團、五花八門的品牌與產品粉絲專頁,更是長尾理論(The Long Tail)的具體呈現。

克裡斯・安德森（Chris Anderson）於 2004 年首先提出長尾效應（The Long Tail）的現象，也顛覆了傳統以暢銷品為主流的觀念。由於實體商店都受到 80/20 法則理論的影響，多數店家都將主要資源投入在 20% 的熱門商品（Big hits），過去一向不被重視，在統計圖上像尾巴一樣的小眾商品，因為全球化市場的來臨，即眾多小市場匯聚成可與主流大市場相匹配的市場能量，可能就會成為具備意想不到的大商機，足可與最暢銷的熱賣品匹敵。

由於它是所有媒體中極少數具有「可被測量」特性的新媒體，都可以透過各種不同方式來進行轉換評估，在網路上只有量化的數據才是數據，店家可以透過分析數據，看見社群行銷的績效與粉絲團經營數據分析，進而輔助調整產品線或創新服務的拓展方向。

行銷當然不可能一蹴可幾，任何行銷活動都有其目的與價值存在，如果我們花費大量金錢與時間來從事社群行銷，進而希望提高網站或產品曝光率，當然要研究與追蹤社群行銷的效果。例如可以透過 Google Analytics 或臉書的洞察報告的分析等免費分析工具，提供廠商追蹤使用者的詳細統計數據，包括流量、獨立不重複訪客（Unique User, UU）、下載量、停留時間、訪客成本和跳出率（Bounce rate）、粉絲數、追蹤數與互動率等。

✤ 粉絲專頁的洞察報告相關數據總覽資訊

⊘ Tips

不重複訪客是在特定的時間內時間之內所獲得的不重複（只計算一次）訪客數目，如果來造訪社群的一台電腦用戶端視為一個不重複訪客，所有不重複訪客的總數。跳出率（Bounce Rate）是指單頁造訪率，也就是訪客進入網站後在固定時間內（通常是 30 分鐘）只瀏覽了一個頁面就離開社群的次數百分比，這個比例數字越低越好，愈低表示你的內容抓住網友的興趣。

02

我的臉書行銷初體驗

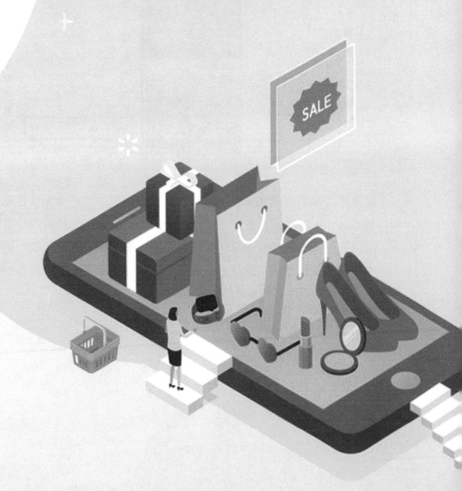

Facebook 簡稱為 FB，中文被稱為臉書，是目前最熱門且擁有最多會員人數的社群網站，也是目前眾多社群網站之中，最為廣泛地連結每個人日常生活圈朋友和家庭成員的社群。在台灣更有爆炸性成長，打卡（在臉書上標示所到之處的地理位置）是特普遍流行的現象，台灣人喜歡隨時隨地透過臉書打卡與分享照片，是國人最愛用的社群網站，讓學生、上班族、家庭主婦都為之瘋狂。例如餐廳給來店消費打卡者折扣優惠，利用臉書粉絲團商店增加品牌業績，對店家來說也是接觸普羅大眾最普遍的管道之一。

想玩遊戲，由臉書右側按下「功能表」鈕，在選單中有「玩遊戲」指令可以找到更多的遊戲

臉書粉絲團更能讓商店增加品牌業績，對店家來說也是接觸普羅大眾最普遍的管道之一，更是國人最愛用的社群網站。如果各位懂得利用臉書的龐大社群網路系統，藉由社群的人氣，增加粉絲們對於企業品牌的印象，更有利於聚集目標客群，並帶動業績成長，各位只要懂得善用臉書來進行數位行銷，必定可以用最小的成本，達到最大的行銷效益。

最新動態可以看到臉書朋友所發佈的訊息

▶ 開工了！快去申請臉書帳號

Facebook 是台灣最大的社群媒體，在網路行銷的戰場中，擁有最重要的戰略地位，Facebook 在功能上不斷推陳出新，店家開始經營 Facebook 時，心態上真要視為是百年大計，絕對需要花費一段時間仔細做準備。因為要成功吸引到有消費力的客群加入需要不少心力，當然經營社群媒體，首先要很清楚希望接近的客群目標，當然如果各位能更熟悉 Facebook 所提供的功能，並吸取他人成功行銷經驗，肯定可以為商品帶來無限的商機。如果你還不知道怎麼發揮臉書行銷的最大效益嗎？事不宜遲，趕快來申請個帳號吧！

◯ 申請臉書帳號

在台灣使用 FB 臉書已經幾乎成為網路族每日的例行公事之一，各位想要建立一個 Facebook 新帳號其實很簡單，首先要擁有一個電子郵件帳號（e-mail），也可以使用手機號碼作為帳號，接著就是啟動瀏覽器，於網址列輸入 Facebook 網址（https://www.facebook.com/r.php），就會看到如下的網頁，請在「建立新帳號」處輸入姓氏、名字、電子郵件或手機電話號碼、密碼、出生年月日、性別等各項資料，按下「註冊」鈕，再經過搜尋朋友、基本資料填寫與大頭貼上傳，就能完成註冊程序。

1 新會員由此輸入個人基本資料

2 按下「註冊」鈕完成註冊程序

登入臉書

擁有臉書的會員帳號後,任何時候就可以在臉書首頁輸入電子郵件 / 電話和密碼,按下「登入」進行登入。同一部電腦如果有多人共同使用,在註冊為會員後也可以直接按大頭貼登入會員帳號。

臉書會員由此輸入帳號和密碼進行登入

也可以直接按下大頭貼進行登入

臉書是所有社群媒體平台上擁有最多的活躍用戶,由於臉書功能更新速度相當快,如果想即時了解各種新功能的操作說明,可以在臉書底端按下「使用說

明」的連結，使進入下圖的說明頁面，不僅可以搜尋要查詢的問題外，也可以看到大家常關心的熱門主題：

臉書中想將 Instagram、LINE、YouTube、Twitter…等社群按鈕加入到個人簡介中，可在視窗右上角按下「帳號」 ▾ 鈕，下拉選擇「查看你的個人檔案」。進入個人頁面後，切換到「關於」標籤，接著點選「聯絡和基本資訊」的類別，在其頁面中將想要連結的網站和社群、以及帳號設定完成，同時必須將「選擇分享對象」設為「所有人」，按下「儲存」鈕就可以完成設定。

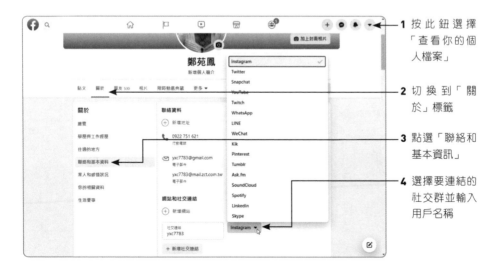

1 按此鈕選擇「查看你的個人檔案」

2 切換到「關於」標籤

3 點選「聯絡和基本資訊」

4 選擇要連結的社交群並輸入用戶名稱

如果要從智慧型手機上進行設定，可在進入臉書後點選個人的圓形大頭貼照，按下「選項」鈕進入「個人檔案設定」的頁面，接著點選「編輯個人檔案」鈕，在「編輯個人檔案」頁面下方的「連結」按下「新增」鈕，再由「社交連結」按下「新增社交連結」，接著選定社交軟體和輸入個人帳號，按下「儲存」鈕儲存設定。

臉書最潮功能

接下來我們會陸續為各位介紹臉書中店家或品牌經常運用在社群行銷的最流行的工具與相關功能。由於臉書功能更新速度相當快，也讓品牌更容易鎖定不同的目標客群，如果想即時了解各種新功能的操作說明，可以在帳戶名稱右側的下拉式三角形可以找到「協助和支援」，其中可以找到「使用說明」

可以進入下圖的說明頁面，不僅可以搜尋要查詢的問題外，也可以看到大家常關心的熱門主題。

🗨 千變女郎的相機功能

根據官方統計，臉書上最受歡迎、最多人參與的貼文中，就有高達 90% 以上是有關相片貼文，比起閱讀網頁文字，80% 的消費者更喜歡透過相片瞭解產品內容。Facebook 內建的「相機」功能包含數十種的特效，讓用戶可使用趣味或藝術風格的濾鏡特效拍攝影像，更協助行銷人員將實體產品豐富的視覺元素，透過手機原汁原味呈現在用戶面前，例如邊框、面具、互動式特效等，只需簡單套用，便可透過濾鏡讓照片充滿搞怪及趣味性。如下二圖所示：

同一人物，套用不同的特效，產生的畫面效果就差距很大

要使用手機上的「相機」功能，請先按下「在想些什麼？」的區塊，接著在下方點選「相機」的選項，使進入相機拍照狀態。在螢幕下方選擇各種的效果按鈕來套用，選定效果後按下圓形按鈕就完成相片特效的拍攝。

相片拍攝後螢幕上方還提供多個按鈕，除了可隨手塗鴉任何色彩的線條外，也能使用打字方式加入文字內容，或是加入貼圖、地點和時間。如右下圖所示：

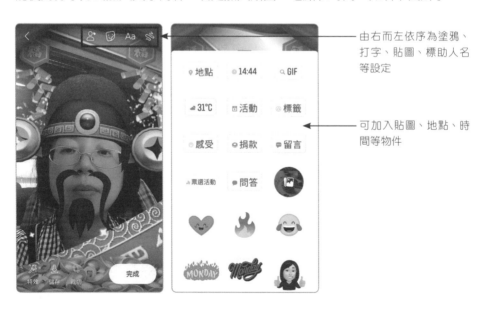

由右而左依序為塗鴉、打字、貼圖、標助人名等設定

可加入貼圖、地點、時間等物件

螢幕左下方按下「儲存」鈕則是將相片儲存到自己的裝置中，或是按下「特效」鈕加入更多的特殊效果。

● 再看我一眼的限時動態

限時動態（Stories）能讓臉書的會員以動態方式來分享創意影像，跟其他社群平台不同的地方，是又多了很多有趣的特效和人臉辨識互動玩法，限時動態已經被應用在 Facebook 家族的各項服務中，而且是爆發式的成長。限時動態功能會將所設定的貼文內容於 24 小時之後自動消失，除非使用者選擇同步將照片或影片發佈到塗鴉牆上，不然照片或影片會在限定的時間後自動消除。

相較於永久呈現在塗鴉牆的照片或影片，對於一些習慣刪文的使用者來說，應該更喜歡分享稍縱即逝的動態，對品牌行銷而言，限時動態不但已經成為品牌溝通重要的管道，正因為是 24 小時閱後即焚的動態模式，加上全螢幕的沈浸式的觀看體驗，會讓用戶更想常去觀看「即刻分享當下生活與品牌花絮片段」的限時內容，並與粉絲透過輕鬆原創的內容培養更深厚的關係，也能透過這個方式與粉絲分享商家的品牌故事，為粉絲群提供不同形式的互動模式。

如何在極短時間中抓住消費者的目光，是限時動態品牌內容創作的一大考驗。想要發佈自己的「限時動態」，請在手機臉書上找到如下所示的「建立限時動態」，按下「+」鈕就能進入建立狀態，透過文字、Boomerang、心情、自拍、票選活動、圖庫照片選擇等方式來進行分享。在限時動態發佈期間，也可隨時查看觀看的用戶人數：

1 按下此鈕建立限時動態

2 由此視窗進行拍照或選取相片

🗨 新增預約功能

Facebook 有幾個免費 Facebook 商業工具，包括 Facebook 預約、主辦付費線上活動、發佈徵才貼文、在網站新增聊天室，如下圖所示：

「新增預約功能」可以將粉絲化為顧客，目前可以設定開放預約的日期和時段及顯示可供用戶預約的服務，同時也可以自動發送預約確認和提醒訊息。

🗨 主辦付費線上活動

透過付費線上活動，各位可以透過 Facebook 主辦線上活動並開放付費參加，讓粉絲在線上齊聚一堂，也只有這些粉絲可以以付費的方式來獨享內容，對主辦

活動者而言也是可以增加收入，通常線上活動可以是直播視訊或訪談或有趣的活動安排，只要各位同意《服務條款》並新增你的銀行帳戶資訊，即可立即開始享用這項免費的行銷工具。

發佈徵才貼文

各位可以在你的商家發佈徵才貼文，來協助各位快速找到合適的人才。

◯ 在網站新增聊天室

您可以在您的網站設定 Messenger 聊天室，來加強與粉絲之間的互動，也可以即時回應有關商家的各種問題，這種免費的行銷工具，對您的商家業績的推廣與提升有相當大的幫助。

▶ 超人氣直播行銷

人類一直以來聯繫的最大障礙，無非就是受到時間與地域的限制，拜 5G 及行動頻寬越來越普及之賜，透過行動裝置開始打破和消費者之間的溝通藩籬，特別是臉書開放直播功能後，手機成為直播最主要工具；不同以往的廣告行銷手法，影音直播更能抓住消費者的注意力，依照臉書官方的說法，觸及率最高的第一個就是直播功能，這表示直播影片更能激發用戶的興趣，直播的好處是它可以比一般行銷影片來的更簡單直接，而且直播影片的留言數甚至比普通影片高出 10 倍，直播影片的觀看時間是平常影片的 3 倍長。

> **◯ Tips**
>
> 5G 是行動電話系統第五代，也是 4G 之後的延伸，5G 技術是整合多項無線網路技術而來，對一般用戶而言，最直接的感覺是 5G 比 4G 又更快、更不耗電，預計未來將可實現 10Gbps 以上的傳輸速率。「雲端」其實是泛指「網路」，「雲端服務」（Cloud Service），就是透過雲端運算將各種服務無縫式的銜接，讓使用者可以連接與取得由網路上多台遠端主機所提供的不同服務。

目前全球玩直播正夯，許多店家開始將直播作為行銷手法，消費觀眾透過行動裝置，特別是 35 歲以下的年輕族群觀看影音直播的頻率最為明顯，利用直播的互動與真實性吸引網友目光，從個人販售產品透過直播跟粉絲互動，延伸到電商品牌透過直播行銷，也能代替網路研討會（Webinar）與產品說明會，讓現場直播可以更真實的對話。例如小米直播用電鑽鑽手機，證明手機依然毫髮無損，就是活生生把產品發表會做成一場 Live 直播秀，這些都是其他行銷模式無法比擬的優勢，也將顛覆傳統網路行銷領域。

直播行銷最大的好處在於進入門檻低，只需要網路與手機就可以立馬開始，不需要專業的影片團隊也可以製作直播，現在不管是明星、名人、素人，通通都要透過直播和粉絲互動，而星座專家唐立淇就是利用直播建立星座專家的專業形象，發展出類似脫口秀的算命節目。

✤ 星座專家唐立淇靠直播贏得廣大星座迷的信任

💬 臉書直播不求人

「人氣能夠創造收益」稱得上是經營直播頻道的不敗天條，直播成功的關鍵在於創造真實的內容與口碑，有些很不錯的直播內容都是環繞著特定的產品或是事件，將產品體驗開箱拉到實況平台上，可以更真實的呈現產品與服務的狀況。每個人幾乎都可以成為一個獨立的電視新頻道，讓參與的粉絲擁有親臨現場的感覺，也可以帶來瞬間的高流量。直播除了可以和粉絲分享生活心得與樂趣

外，儼然成為商品銷售的素民行銷平台，不僅能拉近品牌和觀眾的距離，這樣的即時互動還能建立觀眾對品牌的信任。

當各位要規劃一個成功的直播行銷，一定得先了解你粉絲特性、然後規劃好主題、內容和直播時間，在整個直播過程中，你必須讓粉絲不斷保持著「what is next?」新鮮感，讓他們去期待後續的結果，才有機會抓住最多粉絲的眼球，進而達到翻轉行銷的能力。多數店家會大多以玉石、寶物或玩具的銷售為主，現今投入的商家越來越多，不管是 3C 產品、冷凍海鮮、生鮮蔬果、漁貨、衣服…等通通都搬上桌，直接在直播平台上吆喝叫賣。

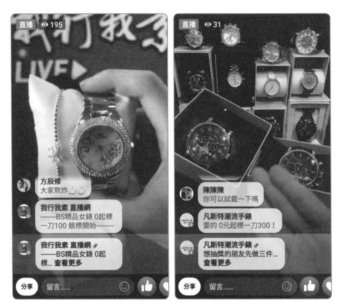

✤ 臉書直播是商品買賣的新藍海

越來越多銷售是透過直播進行，因為最能強化觀眾的共鳴，粉絲喜歡即時分享的互動性，也由於競爭越來越激烈且白熱化，目前最常被使用的方法為辦抽獎，有些商家為了拼出點閱率，拉抬臉書直播的參與度，還會祭出贈品或現金等方式來拉抬人氣，只要進來觀看的人數越多，就可以抽更多的獎金，也讓圍觀的粉絲更有臨場感，並在直播快結束時抽出幸運得主。

臉書直播功能是一個非常強大的功能，更成為網路行銷的新戰場，主要是因為臉書和用戶鍾愛影片類型的貼文，不單單只是素人與品牌直播而已，還有直播

拍賣搶便宜貨，讓你的品牌的觸及率大大提升。直播主只要用戶從手機上按一個鈕，就能立即分享當下實況，臉書上的其他好友也會同時收到通知。腦筋動得快的業者就直接利用臉書直播來賣東西，甚至延攬知名藝人和網紅來拍賣商品。直播拍賣只要名氣響亮，觀看的人數眾多，主播者和網友之間有良好的互動，進而加深粉絲的好感與黏著度，記得對粉絲好一點，粉絲自然會跟你互動，就可以在臉書直播的平台上衝高收視率，帶來龐大無比的額外業績。

✓ Tips

網紅行銷（Internet Celebrity Marketing）並非是一種全新的行銷模式，最大的好處是會保證有一定程度以上的曝光率，網紅的推薦甚至可以讓廠商業績翻倍，素人網紅似乎在目前的行動平台更具說服力，逐漸地取代過去以明星代言的行銷模式。

臉書直播的即時性能吸引粉絲目光，而且沒有技術門檻，不用被動式的等客戶上門，也不受天氣或場地的限制，只要有網路或行動裝置在手，任何地方都能變成拍賣場，開啟麥克風後，再按下臉書的「直播」鈕，就可以向臉書上的朋友販售商品。

❖ iPhone 手機和 Android 手機都是按「直播」鈕

在店家直播的過程中，臉書上的朋友可以留言、喊價或提問，也可以按下各種的表情符號讓主播人知道觀眾的感受，適時的詢問粉絲意見、開放提問、轉述

粉絲留言、回應粉絲等可以讓粉絲有參與感，完全點燃粉絲的熱情，為網路和實體商品建立更深厚的顧客關係。

當拍賣者概略介紹商品後便喊出起標價，然後讓臉友們開始競標，臉友們也紛紛留言下標，搶購成一團，造成熱絡的買氣。如果觀看人數尚未有起色，也會送出一些小獎品來哄抬人氣，按分享的臉友也能到獎金獎品，透過分享的功能就可以讓更多人看到此銷售的直播畫面。

臉友的留言也會直接
顯示在直播上

直播過程中，瀏覽者
可隨時留言、分享或
按下表情的各種符號

在結束直播拍賣後，通常業者會將直播視訊放置在臉書中，方便其他的網友點閱瀏覽，甚至寫出下次直播的時間與贈品，以便臉友預留時間收看，預告下次競標的項目，吸引潛在客戶的興趣，或是純分享直播者可獲得的獎勵，讓直播影片的擴散力最大化，這樣的臉書功能不但再次拉抬和宣傳直播的時間，也達到再次行銷的效果與目的。除了生活用的商品可以透過臉書直播功能來行銷外，視訊直播的範圍更是擴大至全球，過去各位還可以透過臉書的直播地圖（Live Map）功能，直接從地圖上知道那些地方有進行直播，而點選藍色的圓點即可觀看該國家或地區的直播內容。

點選地圖上的藍點，就可以看到該區域的視訊直播

由於現在會使用直播功能的人越來越多，直播地圖的功能已不再適用，如果各位想從手機上觀看臉書的直播視訊，可從 Facebook APP 右上角按下「選項」鈕，向下捲動並找到「直播視訊」的選項，即可觀看目前的直播節目。如果你想搜尋特定的主題或影片，可在右上角按下  鈕進行搜尋。

按此鈕可搜尋特定影片或主題

1 按此「選項」鈕

3 顯示目前各地的直播內容

2 點選「直播視訊」的選項（如果沒有看到，請先點選「顯示更多」就可以找到）

💬 隨時放送的「最新動態」

不管是電腦版或手機版,首頁是各位在登入臉書時看到的第一頁內容;其中包括最新動態、朋友、粉絲專頁與其一連串貼文(持續更新)。根據臉書官方解釋,最新動態的目的就是讓使用者看見與自己最相關的內容,包含來自朋友、粉絲專頁、社團和店家的動態更新和貼文,在臉書裡面最常見也最簡單方便的行銷方式就是在「最新動態」進行行銷,隨時可以發表貼文、圖片、影片或開啟直播視訊,讓用戶在視覺效果強大的體驗中探索、思考,瀏覽及購買產品和服務。

最新動態上的行銷訊息也能在好友們的近況動態中發現,且能透過按讚及分享觸及到好友以外的客群,而達到行銷到朋友的朋友圈中,迅速擴散您的行銷商品訊息或特定理念。

動態消息區可建立貼文、上傳相片 / 影片或做直播

動態消息的目標是臉書期望讓用戶觸及自己最渴望的素材或是發現新事物,不只是朋友的貼文,只要是曾經按讚、留言及分享的資訊,都很容易出現在動態時報上。新的「動態消息」可以讓各位直接由下方的圖鈕點選背景圖案,讓貼文不再單調空白,而按下右側的 ⊞ 鈕還有更多的背景底圖可以選擇。

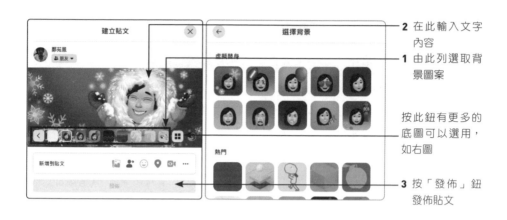

2 在此輸入文字
內容

1 由此列選取背
景圖案

按此鈕有更多的
底圖可以選用，
如右圖

3 按「發佈」鈕
發佈貼文

密技！動態消息搶先關注

如果用戶希望每次開啟臉書時，都能將關注的對象或粉絲專頁動態消息呈現
出來，搶先觀看而不遺漏，就透過「動態消息偏好設定」的功能來自行決
定。請由視窗右上角按下 ▼ 鈕，下拉選擇「設定和隱私 / 動態消息偏好設
定」指令。作法如下：

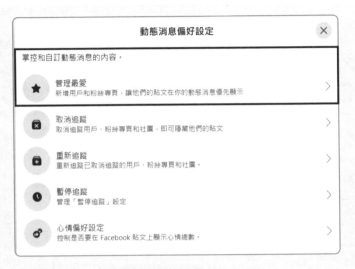

◯ 聊天室與 Messenger

我們都知道臉書不再是發發貼文就能蹭出曝光量的事實,品牌需要投入更多資源並與用戶建立更高強度的關係連結,即時通訊 Messenger 就是不錯的工具。當各位開啟臉書時,那些臉書的朋友已上線,從右下角的「聯絡人」便可看得一清二楚。

已上線的臉書朋友都可由此窺知

按此鈕可看到 Messenger

按此到 Messenger 頁面

看到熟友或粉絲正在線上，想打個招呼或進行對話，直接從「聯絡人」或「Messenger」的清單中點選聯絡人，就能在開啟的視窗中即時和朋友進行訊息的傳送，能讓 FB 經營更有黏著度。

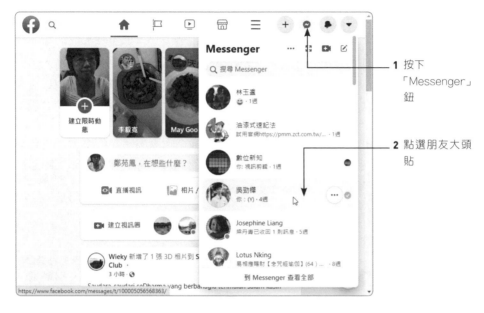

1 按下
「Messenger」
鈕

2 點選朋友大頭
貼

點選此處，可前
往該網友的臉書
進行瀏覽

展開語音通話

進行視訊聊天

3 開啟聯絡人視
窗，由此輸入
訊息或傳送資
料

開啟的臉書聯絡人視窗，除了由下方傳送訊息、貼圖或檔案外，想要加朋友一
起進來聊天、進行視訊聊天、展開語音通話，都可由視窗上方進行點選。

每一個品牌或店家都希望能夠和自己的顧客建立良好的關係，而 Messenger 正
是幫助你提供更好的使用者經驗的方法。臉書的「Messenger」目前已經成為企

業新型態行動行銷工具，也是 Facebook 現在最努力推動的輔助功能之一，活躍使用的用戶正逐步上升中。過去人們可能因為工作之故，使用 Email 的頻率較高，相較於 EDM 或是傳統電子郵件，Messenger 發送的訊息更簡短且私人，開信率和點擊率都比 Email 高出許多，是最能讓店家靈活運用的管道，還可以設定客服時間，讓消費者直接在線上諮詢，以便與潛在消費者有更多的溝通和互動。

如果你希望能夠專心地與好友進行訊息對話，而不受動態消息的干擾，可在臉書右上角按下  按鈕，再下拉按下底端的「到 Messenger 查看全部」的超連結，即可開啟即時通訊視窗 Messenger。

視窗左側會列出曾經與對你對話過的朋友清單，並可加入店家的電話和指定地址，如果未曾通訊過的臉書朋友，也可以在左上方的 Q 處進行搜尋。在這個獨立的視窗中，不管聯絡人是否已上線，只要點選聯絡人名稱，就可以在訊息欄中留言給對方，當對方上臉書時自然會從臉書右上角看到「收件匣訊息」 鈕有未讀取的新訊息。

另外，利用 Messenger 除了直接輸入訊息外，也可以發送語音訊息、直接打電話，或是視訊聊天，相當的便利。當各位的臉書有行銷的訊息發佈出去，臉書上的朋友大都是透過 Messenger 來提問，所以經營粉絲專頁的人務必經常查看收件匣的訊息，對於網友所提出的問題務必用心的回覆，這樣才能增加品牌形象，提升商品的信賴感。

● 上傳相片與標註人物

臉書的「相片」功能不但特別，也非常友善，可以記錄下個人或店家的精彩生活或產品服務，依照拍攝時間和地點來管理自己的相簿，同時也能讓臉書上的朋友們分享你的生活片段，從你所上傳的照片或影片中更了解你這位朋友。

凡是臉書上的朋友，只要點選他們的大頭貼，進入他們的臉書頁面後，就可以從他的「相片」中了解這個人的習性與喜好

除此之外，當朋友在相片中標註你的名字後，該相片也會傳送到你的臉書當中，並存放到你的「相片」標籤之中，讓你也能保留相片。

個人臉書的「相片」標籤

朋友在相片上標記你的名字，相片也會自動顯示在你的臉書之中

相片也是在動態消息或粉專中打造吸睛貼文的絕佳選擇，如果各位的相片想在臉書上成功獲得關注需要把握兩個基本要素；一是相片與產品呈現要融合一致，展現出產品能帶給顧客諸多好處的相關圖案，二是相片最好以說故事形式呈現，文字比例適中的相片特別能獲得較佳的效果，讓用戶想要「停指」觀看您想傳達的訊息。此外，各位也要了解如何妥善管理相片，就要了解建立相簿的方法以及新增相片的方式。

在「相簿」標籤中按下「建立相簿」的超連結，將可把整個資料夾中的相片一併上傳到臉書上，尤其是團體的活動相片，為活動紀錄精彩片段也能讓參與者或未參與者感受當時的熱絡氣氛。在新增相簿的過程中，你也可以為相片中的人物標註名字，這樣該相片也會傳送到對方的臉書「相片」中，相信被標註者也會感受你對他的重視。

1 在「相簿」標籤中按下「+」鈕

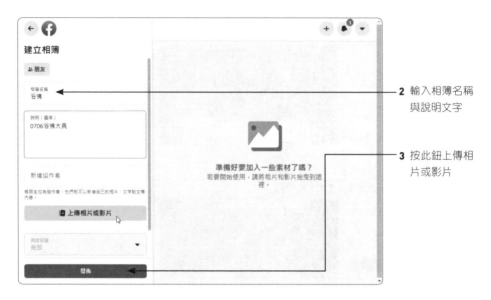

2 輸入相簿名稱
與說明文字

3 按此鈕上傳相
片或影片

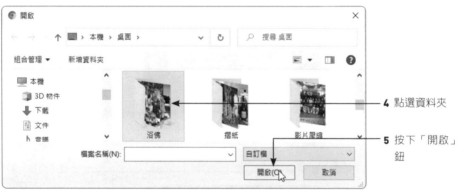

4 點選資料夾

5 按下「開啟」
鈕

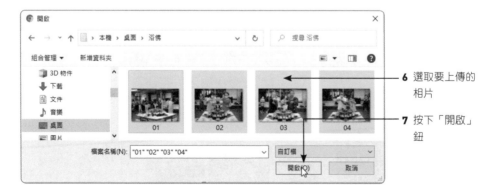

6 選取要上傳的
相片

7 按下「開啟」
鈕

8 點選人頭後，由此輸入或點選人名

9 設定完成，按「發佈」鈕發佈出去

此處可標記地點

10 相簿建立完成

建立活動

人們非常熱愛活動以及免費的贈品，舉辦活動對粉絲來說不僅僅是好玩的，更可以讓你了解你的用戶，增加網站的流量，帶來更多的潛在用戶。想要招募新粉絲，辦活動可能是最快的辦法，臉書裡提供「線上」和「現場」兩種方式，「線上」是透過 Messenger 視訊圈線上聊天、使用 Facebook Live 直播或新增外部連結方式來建立活動；而「現場」是在特定地點與用戶聚會。

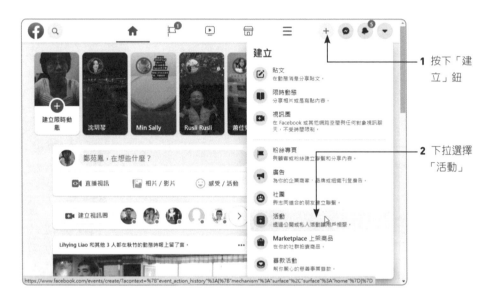

1 按下「建立」鈕

2 下拉選擇「活動」

3 顯示建立活動的兩種方式

💬 朋友關係的建立

臉書上的朋友，有的彼此雙方往來密切，他的任何動態你都想要關注，有的只是點頭之交，甚至從不往來，但是他的動態消息總是頻繁的出現，讓你不勝其擾，這種情況不妨透過「朋友」來加以設定。請在臉書左上角按下自己的名字，接著切換到「朋友」標籤，這裡會列出所有朋友清單。

所有朋友列表於此

找到要設定朋友關係的聯絡人，然後按下右側的「朋友」鈕，如果希望看到他的消息，請下拉選擇「最愛」的選項，如果要減少該朋友發文出現在動態列上，那麼請選擇「取消追蹤」。

🗨 將相簿 / 相片「連結」分享

想要分享臉書中的相簿或相片給其他用戶或非臉書朋友嗎？其實臉書的相簿或相片都有連結的網址，只要複製該連結網址給朋友就可以了，不然相片檔在傳送時經常會經過壓縮，品質會較差些。這裡以臉書相簿為例，要取得連結的網址如下：

1 切換到臉書的「相片」

3 按右鍵於相簿上，執行「複製連結網址」指令

2 找到要分享的「相簿」

4 複製該網址到 LINE 中，任何使用這個連結的人都可以看到相簿內容

如果是要分享相片，一樣是在相片上按右鍵，執行「複製連結網址」指令即可取得連結網址。

03

菜鳥小編必學的達人粉專心法

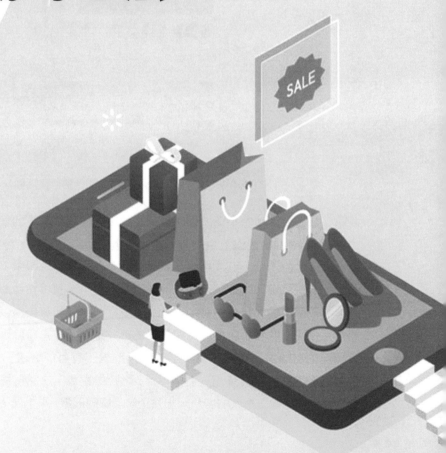

粉絲經濟也算一種新的經濟形態，在這個時代做好粉絲經營，社群行銷就能事半功倍，品牌要在社群媒體上與眾不同，就必須提供粉絲具有價值的訊息，誰掌握了粉絲，誰就找到了賺錢的捷徑。店家在社群媒體上最常見的行銷手法，就是成立「粉絲專頁」帳號，所以很多的企業、組織、名人等官方代表，都紛紛建立專屬的粉絲專頁，讓消費者透過按「讚」的行為建立社交關係鏈，用來發佈一些商業訊息，或是與消費者做第一線的互動。

✤ 粉絲專頁（Pages）適合公開性的行銷活動

臉書是所有品牌都想爭奪的網路行銷市場，因此粉絲專頁的競爭很激烈，全世界有超過 8000 萬個以上中小企業在臉書上使用粉絲專頁，粉絲專頁（Pages）適合公開性的活動，而成為粉絲的用戶就可以在動態時報中，看到自己喜愛專頁上的消息狀況，這樣可以快速散播活動訊息，達到與粉絲即時互動的效果。社群是一個人與人建立連結的地方，從成立粉絲團招募粉絲、與粉絲互動、到將粉絲變成消費者，店家或品牌需要的不只是一個臉書粉絲專頁，更不是單純充門面的粉絲數，如果沒有長期的維護經營，有可能會讓粉絲們取消關注，因此必須定期的發文撰稿、上傳相片 / 影片做宣傳、注意粉絲留言並與粉絲互動，如此才能建立長久的客戶，加強企業品牌的形象。

▶ 粉絲專頁經營的小心思

一位成功的小編必須知道網友的特質是「喜歡分享」、「需要溝通」、「心懷感動」，無論在任何平台的社群行銷策略，找到社群行銷的目標受眾絕對是第一要務，在建立目標受眾時，必須了解他們的興趣、痛點、年齡、性別等資訊，不僅僅是把好的想法變成實際的創意作品，更源源不絕的生出新奇梗，必須十八般武藝樣樣精通，簡單來說，就是什麼都要會！

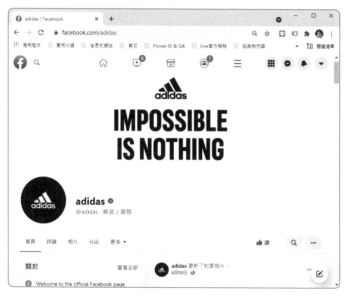

✿ 愛迪達的粉專小編相當用心經營

當店家建立了臉書的粉絲專頁，就能夠開始打造一個對你產品有興趣的用戶群，粉絲專頁不同於個人臉書，臉書好友的上限是 5000 人，而粉絲專頁可針對商業化經營的企業或公司，它的粉絲人數並無限制，屬於對外且公開性的組織。粉絲專頁必須是組織或公司的代表，才可建立粉絲專頁。要做好粉絲行銷，首先就必須要用經營朋友圈的態度，而不是從廣告推銷的商業角度，透過這樣的分享和交流方式，讓更多人認識商品與服務。任何人在專頁上按「讚」即可加入成為粉絲，所以許多官方代表都紛紛建立專屬的粉絲專頁，除了建立商譽和口碑外，讓企業以最少的花費得到最大的商業利益，進而帶動商品的業績。

🗨 粉絲專頁類別簡介

建立粉絲專頁的目的在於培養一群核心的鐵粉,增加現有消費者對品牌認同度,並透過粉絲專頁讓潛在客戶更加認識你,吸引更多目標族群來成為粉絲。粉絲專頁是用戶能夠公開與企業商家、個人品牌或組織聯繫,你也可以展示商品或服務、募集捐款和建立廣告,讓臉書的用戶能夠透過粉絲專頁探索內容或建立聯繫。

每個臉書帳號都可以建立與管理多個粉絲專頁,雖然沒有設限粉絲頁的數目,但是粉絲頁的經營就代表著企業的經營態度,必須用心經營與照顧才能給粉絲們信任感。

🗨 粉絲專頁的顏值篇

經營粉絲專頁沒有捷徑,必須要有做足事前的準備,不夠完整或過時的資訊會顯得品牌不夠專業,為了滿足各式消費者的好奇心,例如需要有粉絲專頁的封面相片、大頭貼照,這樣才能讓其他人可以藉由這些資訊來快速認識粉絲專頁的主題。

粉絲專頁封面

進入粉專頁面,第一眼絕對會被封面照吸引,因此擁有一個具設計感的封面照一定能為你的粉專大大加分,自然封面照在粉絲頁的重要性不言可喻,封面主要用來吸引粉絲的注意,一開始就要緊抓粉絲的視覺動線,盡量能在封面上顯示粉絲專頁的產品、促銷、活動、甚至是主題標籤(hashtag)都可以把它放上封面,或是任何可以加強品牌形象的文案與 logo,封面照的整體風格所傳達的訊息就至關重要,我們要注意的是,粉絲專頁的封面為公開性宣傳,不能造假或有欺騙的行為,也不能侵犯他人的智慧財產權。

大頭貼照

在 FB 的粉專頁面之中,有兩個最重要的視覺:大頭貼照與封面照片。大頭貼照從設計上來看,最好嘗試整合大頭照與封面照,加上運用創意且吸睛的配色,讓你的品牌被一眼認出。

粉絲專頁說明

依照您的粉絲專頁類型而定，可以加入不同類型的基本資料，粉絲專頁所要提供的資訊包括專頁的類別、名稱、網址、開始日期、營業時間、簡短說明、版本資訊、詳細說明、價格範圍、餐點、停車場、公共運輸、總經理…等各種資料，重點在你的業務內容、提供的服務或粉絲專頁成立的宗旨，字元上限為 255個字。基本資料填寫越詳細對消費者 / 目標受眾在搜尋上有很大的幫助，假設你開設的是實體商店，並希望增加在地化搜尋機會，那麼填寫地址、當地營業時間是非常重要的，而且千萬別選錯了類別。

▶ 菜鳥小編手把手熱身賽

臉書粉絲頁的內容絕對是經營成效最主要的一個重點，平時腦力激盪出的各式文案都可傾巢而出，專頁上所提供的訊息越多越好，每一個細節都有可能是成敗關鍵，當各位對於粉絲專頁的封面相片和大頭貼照的呈現方式了解之後，接著就可以開始準備申請與設定粉絲專頁。

請從個人臉書右上角的「建立」處下拉選擇「粉絲專頁」指令，只要輸入的粉絲專頁「名稱」和「類別」並呈現綠色的勾選狀態，就可以建立粉絲專頁。

1 按下「建立」鈕

2 點選「粉絲專頁」指令

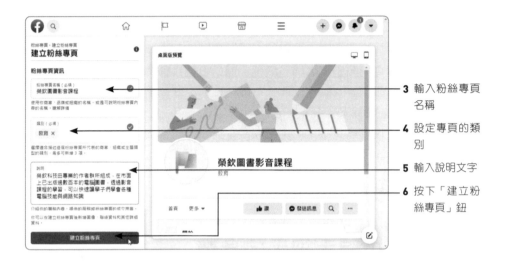

3 輸入粉絲專頁名稱

4 設定專頁的類別

5 輸入說明文字

6 按下「建立粉絲專頁」鈕

當各位按下「建立粉絲專頁」的按鈕後，你可在右側切換畫面為「行動版預覽」或「桌面版預覽」，同時在左側的欄位中還可以繼續加入大頭貼照和封面相片。

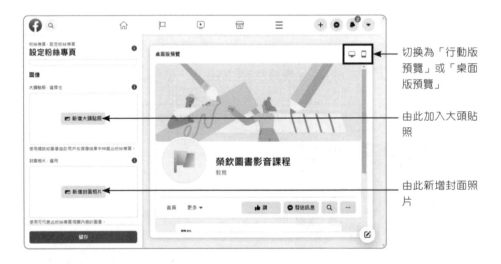

切換為「行動版預覽」或「桌面版預覽」

由此加入大頭貼照

由此新增封面照片

◎ 大頭貼照及封面相片

在大頭貼照和封面相片部分，請依指示分別按下「新增大頭貼照」和「新增封面相片」鈕將檔案開啟，最後按下「儲存」鈕儲存圖像、就可以看到建立完成的畫面效果。

顯示完成的畫面效果

加入的粉絲專頁相片或大頭貼照，主要是讓用戶對你的品牌或形象產生影響和聯結，封面照片是佔據臉書粉絲專頁最大版面的圖片，如果一段時間後想要更新，可以在封面相片右下角按下「編輯」鈕，而大頭貼照則是從下方按下相機圖示，再從顯示的選項中選取「編輯大頭貼照」即可。

💬 吸人眼球的用戶名稱

對於新手而言，臉書很貼心的提供各種輔導，只要依序將臉書所列的項目設定完成，就能讓粉絲頁快速成型，增加曝光機會，而這些資訊對粉絲來說都是重要的訊息。你可以輸入商家的詳細資料，新增你想銷售的商品及自訂符合你品牌風格的店面。

為粉絲頁建立獨一無二的用戶名稱

粉絲專頁建立後，你可以申請選擇一個用戶名稱，網址也將從落落長變成容易被記憶和分享的短網址。因為粉絲專頁的用戶名稱就是臉書專頁的短網址，建議各位的用戶名稱使用官網網址或品牌英文名稱。網址也會反應企業形象的另一面，當客戶搜尋不到您的粉絲頁時，輸入短網址是非常好用的方法，所以盡量簡單好輸入，用戶名稱最好與品牌英文名、網址保持一致性。好的命名簡直就是成功一半，取名字時直覺地去命名，朗朗上口讓人可以記住且容易搜尋到為原則，如下圖所示的「美心食堂」。

❖ 粉絲專頁名稱 + 粉絲專頁編號

由於網址很長，又有一大串的數字，在推廣上比較不方便，而建立粉絲專頁的用戶名稱後，只要建立成功，就可以用簡單又好記的文字呈現，以後可以用在宣傳與行銷上，幫助推廣你的專頁據點。如下所示，以「Maximfood」替代了「美心食堂 -1636316333300467」。

為粉絲專頁建立用戶名稱時，要特別注意：粉絲專頁或個人檔案只能有一個用戶名稱，而且必須是獨一無二的，無法使用已有人使用的用戶名稱。另外，用戶名稱只能包含英數字元或英文句點「.」，不可包含通用字詞或通用域名（.com或 .net），且至少要 5 個字元以上。

要設定或變更粉絲專頁的用戶名稱，必須是粉專的管理員才能設定，請在粉專名稱下方點選「建立粉絲專頁的用戶名稱」連結，即可進行設定：

這是新建立的預設用戶名稱

1 按此連結

2 輸入用戶名稱

打勾表示可以使用，若已有他人使用的名稱，會在下方以紅字提醒用戶重新選擇，用戶名稱必須包含 5 個以上的英數字元

3 按此鈕建立用戶名稱

4 按「完成」鈕離開

用戶名稱變更
完成,簡單又
好記

管理與切換粉絲專頁

有些品牌的管理者擁有多個粉絲專頁,要想切換到其他的粉絲專頁進行管理,
在個人臉書首頁的左側即可進行切換,如圖示:

1 按此切換到
粉絲專頁

2 顯示你所管理
的粉絲專頁

粉絲專頁的編輯真功夫

店家要讓粉絲們對於你的粉絲專頁有更深一層的認識，符合的相關資訊最好都能填寫完整，才能讓其他人了解你，使提供的資訊效益極大化。當要編寫粉絲專頁的資訊，請將粉絲專頁下移，在「關於」的欄位下方點選「編輯粉絲專頁資訊」的按鈕，就能編輯粉絲專頁的資訊：

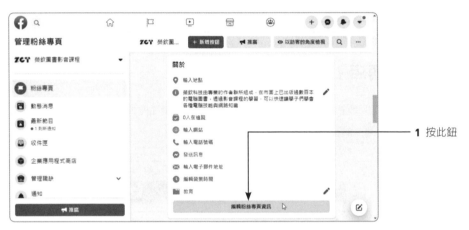

1 按此鈕

2 依序切換到「聯絡資料」、「定位服務」、「營業時間」、「更多」等標籤頁進行資料的輸入

▶ 商店專區的賣場思維

現在的粉絲專頁不單讓我們和粉絲互動，店家也可以在專屬的粉專上公開販售商品。如果你想要在粉絲專頁中擁有商店專區，以便將自家的產品新增到商店專區中販售，進而創造收益利潤，由於選用不同類別的粉絲專頁，通常粉絲專頁所顯示的頁籤也不相同，那麼粉絲專頁的類別就必須是「購物」、「服務業」、「影片粉絲專頁」、「場地」等類型才會出現商店專區。

● 開啟「商店」頁籤

如果你原先建立的粉絲專頁屬於以上幾種類別，而你卻沒有看到「商店」的功能，那麼可以從粉絲專頁的「設定」標籤來進行開啟吧！

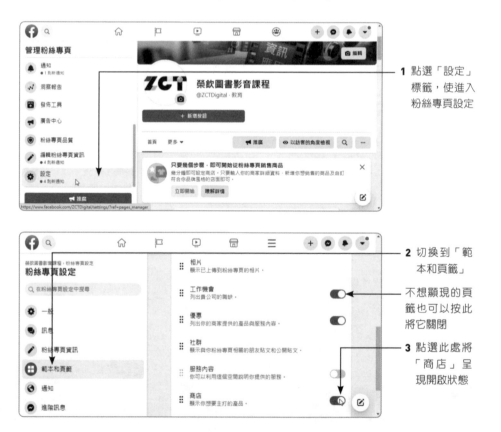

1 點選「設定」標籤，使進入粉絲專頁設定

2 切換到「範本和頁籤」

不想顯現的頁籤也可以按此將它關閉

3 點選此處將「商店」呈現開啟狀態

設定之後，瀏覽者可以在粉絲專頁的頁籤上看到「商店」的頁籤了！

按下「更多」鈕就可以看到「商店」的頁籤

💬 變更粉絲專頁範本

如果你的粉絲專頁的範本類型不包含「商店」的頁籤，那麼可以在「範本和頁籤」的頁面中，按下「編輯」鈕來進行範本的變更。

找到像是「購物」或「服務業」、「影片粉絲專頁」等類型的範本後，按下範本就可以看到範本中是否含有「商店」的頁籤，確認後按下「套用範本」鈕進行變更。

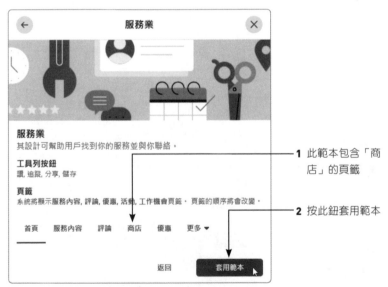

1 此範本包含「商店」的頁籤

2 按此鈕套用範本

要使用商務管理工具在 Facebook 中設定商店，首先你必須是企業管理平台的管理員才行，在同一個企業管理平台擁有 IG 商業帳號、臉書粉絲專頁和目錄，擁有目錄的管理權限才行，這樣才能使用電腦進入商務管理工具來設定商店。如果要管理商店，請從左側點選「管理商店」的頁籤，再按「開始設定商店」鈕進行設定。

▶ 粉專聚粉私房撇步

要做好粉絲行銷，首先就必須要用經營朋友圈的態度，而不是從廣告推銷的商業角度，說實話，沒有人喜歡不被回應、已讀不回，因此必須定期的發文撰稿、上傳相片／影片做宣傳、注意粉絲留言並與粉絲互動，如此才能建立長久的客戶，加強企業品牌的形象。粉專行銷的目的，就是要吸引那些認同你、喜歡你、需要你的粉絲，簡單來說，就像在談戀愛一樣，接下來我們將針對三種基本技巧做說明。

● 邀請朋友來按讚

經營粉絲專頁就跟開店一樣，特別是剛開立粉絲專頁時，商家想讓粉絲專頁可以觸及更多的人，首先一定會邀請自己的臉書好友幫你按讚，朋友除了可以和你的貼文互動外，也可以分享你所發佈的內容。

想要邀請朋友對新設立的粉絲專頁按讚,請在如下的區塊中按下「顯示全部朋友」鈕,就可以勾選朋友的大頭貼並進行傳送:

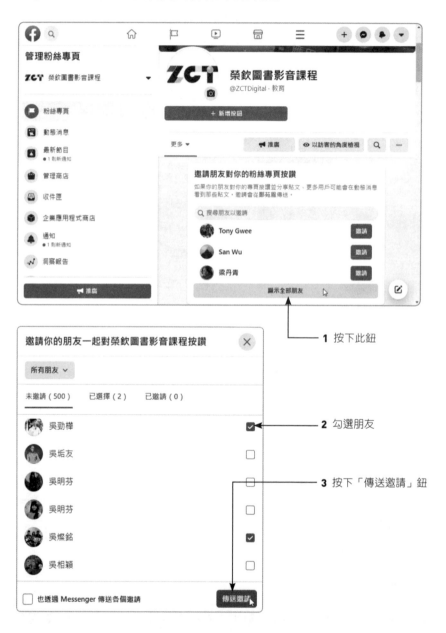

1 按下此鈕

2 勾選朋友

3 按下「傳送邀請」鈕

當你的朋友看到你所寄來的邀請,只要他一點選,就會自動前往到你的粉絲專頁,而按下「說這專頁讚」的藍色按鈕,就能變成你的粉絲了。

◗ 邀請 Messenger 聯絡人

Messenger 是目前大家常用的通訊軟體，在觀看臉書的同時就可以知道哪些朋友已上線，即使沒有在線上，想要聯絡也只要切換到「聊天室」就可以辦到。

由視窗右上方按下「Messenger」 ◗ 鈕，找到朋友的名字，可在下方將你想要傳達的內容和訊息傳送給對方，而對方只要點選圖示就能自動來到你的粉絲專頁了。

1 按此鈕點選好友名字，使開啟視窗

2 輸入粉絲專頁的訊息

3 按「傳送」鈕傳送訊息

請好朋友主動推薦你的粉絲專頁，他們就會變成你最佳的宣傳員，因為每個好朋友都各自有自己的朋友圈，即使他們不認識你也不會對你產生懷疑和防範，請朋友推薦粉絲專頁，這樣訊息擴散得會更加快速。

◗ 建立限時動態分享粉專

經營粉專可以透過限時動態的方式來和朋友分享粉絲專頁，讓親朋好友都知道你的粉絲專頁。以手機為例，在頁面下方按下「建立限時動態」鈕，就可以透過右圖的「文字」方式，將新設立的粉絲專頁推薦給朋友。

如果要在電腦版上建立限時動態，請在視窗右上角按下「+」鈕並下拉選擇「限時動態」指令，即可建立相片的限時動態或文字的限時動態。

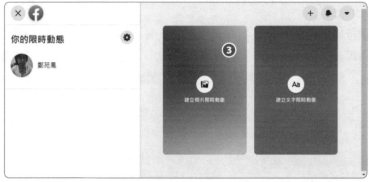

要將你的粉絲專頁推薦給他人，有時是需要靈感，或是搭上時勢潮流，如果你認為自己的靈感不夠多，不妨多多請益他人的粉絲專頁或公眾人物。這裡告訴各位一個小技巧，請在你電腦版的粉絲專頁左側按下「動態消息」鈕：

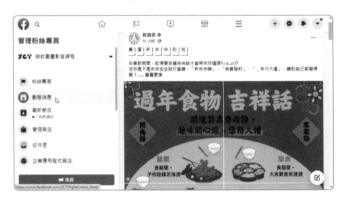

這是專為粉絲專頁打造的獨立動態消息，此空間可以用粉絲專頁的身分與他人互動，就像使用個人檔案一樣簡單。在此要先選擇你要追蹤的對象，追蹤與你的粉絲專頁或公眾人物，能獲得更多實用的內容。另外，臉書會向你顯示來自相關粉絲專頁和公眾人物的貼文及更新內容，方便你從中取得靈感並應用在你的粉絲專頁中，所以你會看到幾個頁面的介紹說明。接下來請按下「追蹤」鈕追蹤別人的粉絲專頁和公眾人物，再按「前往動態消息」鈕，就能看到你追蹤的粉絲專頁，從中吸取經驗，為你的粉絲專頁增加更多的靈感與話題。

▶ 粉專貼文精準行銷

臉書的粉絲專頁為開放的空間，任何能看到粉絲專頁的人，就能看到你的貼文與留言。貼文內容不僅是粉絲專頁進行網路行銷的關鍵，而且可以說是最重要的關鍵！粉絲專頁上最能引人注目的優質貼文，應該是利用越少的字數來抓住用戶的眼球和增加他們的求知慾，不要每天都把臉書充斥著行銷味滿滿的產品大內宣傳，因為貼文不只是行銷工具，也是與消費者溝通或建立關係的橋樑。除了直接輸入想要行銷的文字內容外，也可以上傳相片或影片，或者利用可其他的內容來搭配、輪流使用。

💬 發佈文字貼文

FB 時代最重要的行銷力道仍在「文字」本身，「貼文」當主角，「貼文」一定要能被看到、轉寄、分享。FB 貼文的行銷重點在於提升觸及率和邊際排名，順便說明一下，邊際排名指的是在用戶對動態時報上較有興趣的貼文顯示順序。當各位要進行文字訊息的行銷，由粉絲頁按下「建立貼文」鈕，直接輸入文字內容即可，選定想要套用的背景圖樣，按下「立即分享」鈕就能擴散你的行銷內容或理念。

1 按此鈕

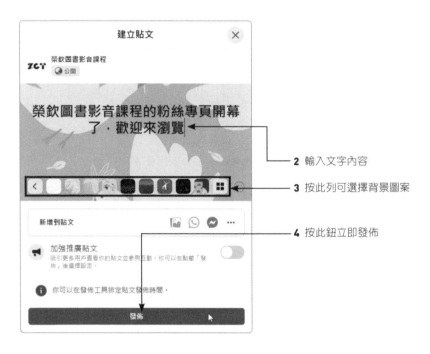

2 輸入文字內容

3 按此列可選擇背景圖案

4 按此鈕立即發佈

好不容易編寫完成的貼文，在發佈出去才發現有錯別字需要修正，這時只要從貼文右上角按下 ⋯ 鈕，選擇「編輯貼文」指令即可進行修改，編修完成後按下「儲存」鈕就可以搞定，即使貼文已有他人分享出去的，分享去的貼文也會一併修正喔！對於已貼出去貼文如果想要刪除，一樣是按下貼文右上角 ⋯ 鈕，再選擇「刪除貼文」指令就搞定了。

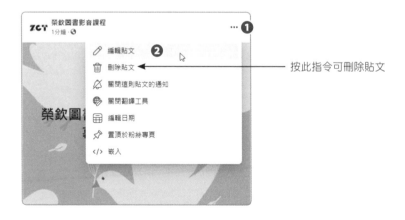

按此指令可刪除貼文

粉絲專頁的管理者，如果想在自己管理的粉絲頁上，以個人身份發表貼文或相片，只要點選右下角的大頭照，即可切換成個人身份。

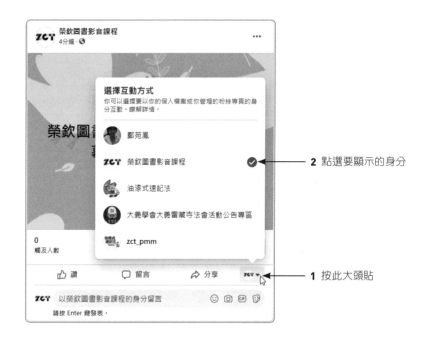

2 點選要顯示的身分

1 按此大頭貼

經常分享與產品相關的生活創意或是應用案例是店家連結客戶的好方式，例如將你的品牌貼文分享數量很高的內容或者確實可以解決你的粉絲痛點的文章進行置頂，將有助於你的品牌主打貼文曝光度最大化。對於目前粉絲專頁正在推廣的重點貼文，或是期望所有粉絲都要知道的重大訊息，可以考慮使用「置頂」的功能來強制貼文置於頂端，讓所有進入粉絲專頁的所有粉絲都能看得到。設定方式很簡單，請在該貼文的右上角按下 ⋯ 鈕，下拉選擇「置頂於粉絲專頁」指令就能完成。

至於想要知道粉絲專頁目前已經累積多少個「讚」，或是想知道粉絲專頁有多少人在追蹤中，可在粉絲專頁封面下方點選「社群」的選項，這樣就能看到累計的總數。

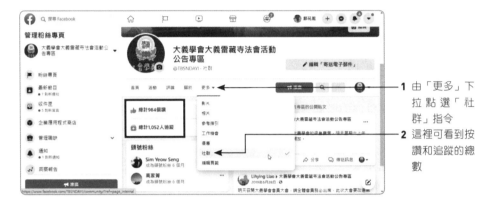

1 由「更多」下拉點選「社群」指令

2 這裡可看到按讚和追蹤的總數

🗨 設定貼文排程

在編寫貼文時，如果希望貼文在指定的時間才進行公告，那麼可以使用「排程」的功能來指定貼文發佈的日期。請先由視窗左側按下「發佈工具」鈕，接著切換到「排定貼文」的選項，各位會看到如下的視窗。

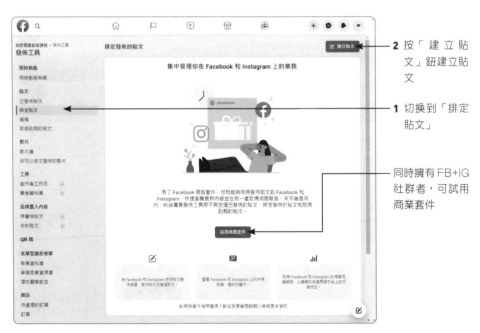

2 按「建立貼文」鈕建立貼文

1 切換到「排定貼文」

同時擁有FB+IG社群者，可試用商業套件

在新版的臉書功能中有提供商務套件的功能，能夠讓管理者同時發布貼文到 Facebook 和 Instagram 上，並且快速瀏覽更新的內容以及在同一處取得洞察報告。不過未來的幾個月內，粉絲專頁的發布工具將不再支援已發布的貼文，或是排定發布的貼文囉！

各位在上面視窗中按下「建立貼文」鈕後將進入如圖視窗，由「文字」的欄位中輸入你要發布的內容，就能立即在右側看到「桌面版」或「行動版」動態消息的顯示效果，按下「發布」鈕旁邊的下拉鈕，就可以選擇「排定貼文發布時間」，在你選定要發布的日期後按下「排定時間」鈕即可完成設定。

💬 分享相片 / 影片

從傳統「電視媒體」到現在「人手一機」，社群行銷不是傳統的電視廣告，訊息出現與更新的速度很快，因為你的貼文只有 0.25 秒的機會必須吸引住粉絲的眼球，也意味著文字就此淪為配角，圖片與影音將會成為主角，影片特別是吸睛的焦點，因為對於粉絲會帶來某種程度的親切感，也能創造與消費者建立更良好關係的機會。例如紐約相當知名的杯子蛋糕名店 Baked by Melissa，就成功運用有趣又繽紛的貼文，使蛋糕照更添一份趣味，讓粉絲更願意分享，同時與當地甜食愛好者建立一種相當緊密的聯繫互動。

✤ Baked by Melissa 成功張貼有趣又繽紛的貼文

當各位要分享相片 / 影片時，請由貼文區塊按下「相片 / 影片」鈕，接著點選「上傳相片 / 影片」的選項。

按此鈕後，點選要插入的圖片或影片檔，按下「開啟」鈕，就可以將相片 / 影片加入至貼文中

根據調查，相片比文字的觸及率高出 135%，而留言率則會高出一倍！相片被點閱或分享的機會絕對比單純文字來的高。至於所發佈的相片，臉書允許用戶進行相片的裁切、旋轉、標註相片和加入替代文字。只要滑鼠移入相片，即可點選「編輯」鈕進行編輯。

1 按此鈕編輯相片

2 顯示可編輯的功能

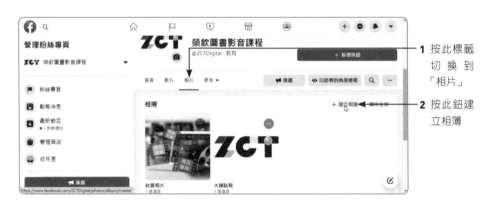

💬 新增相片 / 相簿

FB 每天新增的貼文多到滑不完，如果拍攝的相片不夠漂亮，很難吸引用戶們的目光，只要各位秉持圖片講究自然不能太多加工，持續發佈主題一致而且高畫質的圖片，就有可能讓粉絲人數增加。要新增相片 / 相簿到粉絲頁上，點選「相片」頁籤後，按下「建立相簿」鈕也可以建立相簿。

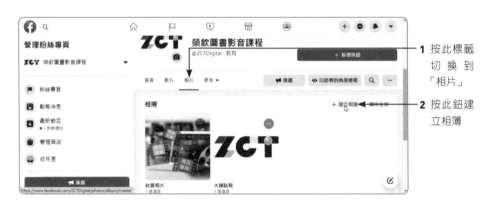

1 按此標籤切換到「相片」

2 按此鈕建立相簿

選擇「＋建立相簿」鈕，接著是看到如下的視窗，你可以為新增的相簿訂定標題，也可以為相簿加入說明文字和地點的標示，再將你要使用的相片上傳上來。

你也可以針對個別的相片在底下進行說明，設定之後按下「發佈」鈕就可將相片發佈出去。

1 這裡可為相片做說明

2 按鈕發佈相簿

發布之後，請在封面下方按下「以訪客的角度檢視」鈕檢視粉絲頁，就能看到剛剛發布的貼文了！

這是粉絲頁對訪客顯示的外觀

💬 貼文中加入表情符號

在社群的經營裡，其實就是與人對話，根據調查顯示，很多用戶每天都會使用表情符號，而且有一半以上的回文也都至少用到一個以上的表情符號。因為我們每天都過著緊張嚴肅的生活，粉絲團有趣的貼文風格可能是粉絲一天的活力

來源，有效利用符號不但可以輕鬆表達當下的心情，還可以透過符號來加強宣導並吸引用戶目光。經常在別人的貼文中看到許多小巧可愛的圖案，不管是各種臉部表情、吃、喝、玩、樂、看、聽、慶祝、支持、同意…等，都可看到可愛的小插圖穿插在文字當中。

如果要在貼文中加入這些小插圖，可在貼文區下方點選「感受 / 活動」☺的項目，接著點選類別、再依序點選次要的項目，就能加入期望的貼文圖案了。

❖ 先點選主類別 ❖ 接著選擇次要選項

如圖所示是加入前往旅遊地的圖案，當選擇國家或城市時，還會自動插入該地區的地圖喔。

⬤ 上傳臉書封面影片

粉絲專頁的封面相片現在也可以顯示為動態的影片喔，不過它有一些限制，影片長度必須介於 20-90 秒之間，並且至少要 820 x 312 像素，而臉書建議的大小則為 820 x 462 像素。比它大的尺寸可以被接受，屆時再以滑鼠拖曳的方式來調整位置。

符合此要求的影片才能夠上傳

要將臉書的封面變更成影片形式，請由封面相片的右下角按下「編輯」鈕，下拉選擇「從影片中選擇」指令，即可從你粉絲專頁中將已上傳的影片加入。

2 執行「從影片中選擇」指令

1 按「編輯」鈕

選定檔案後，如果影片的尺寸與封面的尺寸不相吻合，多餘的背景將以模糊的效果顯現，如下圖所示。

將粉專封面設定為輕影片

粉專封面除了可以使用影片檔外，也可以製作成輕影片。所謂的「輕影片」是將 3-10 張的相片組合起來，其設定方式如下：

2 點選「製作輕影片」指令

1 按「編輯」鈕

3 按此鈕，依序執行「從相片中選擇」或「上傳相片」指令，使相片加入進來

6 設定完成，按「儲存變更」鈕離開

4 依序點選縮圖

5 拖曳畫面可以調整影像顯示的位置

重新進入粉專後，你就可以檢視輕影片的效果了。

由左右兩個按鈕進行頁面切換

04

最強粉專經營臉書淘金術

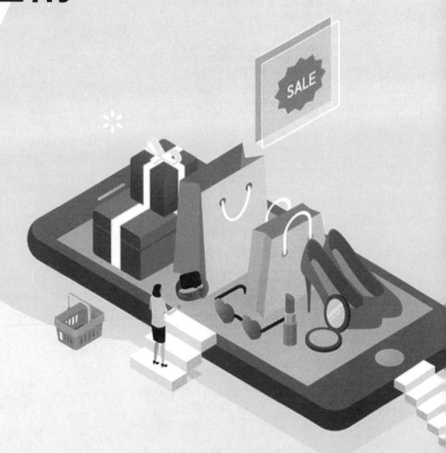

隨著你的粉絲專業成立後，掌握粉專經營技巧就變得十分重要，各位如果期望透過粉專行銷獲益，那麼第一件事就是要懂得如何包裝你的商品與服務，粉絲絕對不是為了買東西而使用臉書，也不是為了撿便宜而來某一粉絲團按讚。粉絲專頁的經營不只是技術，更是一門藝術，內容絕對是吸引人潮與否最重要的因素之一，包括邀請其他網友來按讚、留言、貼文的動作，然後進行抽獎活動，特別是回答粉絲的留言要用心，這些都可以十分地有效讓你的粉絲專頁被大量分享或宣傳。

用心回覆訪客貼文是提升商品信賴感的方式之一

✤ 義美食品粉絲專頁經營得相當成功

粉絲專頁不同於個人臉書，粉專提供各種的經營功能和管理權限，除了讓多人可以共同維護和管理外，對於粉絲們的所表達的心情和留言，管理員皆可收到通知然後進行回覆。而粉絲頁有多少人的追蹤者，那些人按讚，以及粉絲們喜歡哪一類的貼文，粉絲專頁都有報告讓管理員們知道，以便進行後續分析和行銷策略的擬定在，在這一章節我們將針對這些主題來做說明，讓各位成為粉絲專頁的管理達人。

▶ 粉絲專頁管理者介面

大家都知道要建立臉書粉絲專頁門檻很低，但要能成功經營卻很困難，當粉絲專頁的管理者切換到粉絲專頁時，除了可以在「粉絲專頁」標籤上看到每一筆的貼文資料外，還會在左側看到「最新節目」、「收件匣」、「通知」、「洞察報告」、「發佈工具」…等標籤，這是粉絲專頁的管理介面，方便管理員進行專頁的管理，這一小節我們先針對幾個重要的標籤頁做介紹。

● 粉絲專頁

粉絲專頁的首頁可瀏覽貼文、留言、或進行貼文的發佈。

粉絲專頁的
管理者介面

● 收件匣

當粉絲們透過聯絡資訊發送訊息給管理者，管理者會在粉絲頁的右上角 ● 圖示上看到紅色的數字編號，並在「收件匣」中看到粉絲的留言，利用 Messenger 程式就能夠針對粉絲的個人問題進行回答。另外管理者也可以針對個別的粉絲進行標示或封鎖，也可以新增標籤以利追蹤或尋找對話。

由此針對粉絲進行個別操作，依序為「移至完成」、「刪除對話」、「移至垃圾訊息」、「標示為未讀」、「標示為持續追蹤」

如果是由多人一起管理的粉絲專頁，則可針對粉絲的問題進行指派的動作。如下所示：

管理者可以由此下拉指定負責回覆的人員

通知

粉絲專頁提供各項模式的通知，包括：粉絲的留言、按讚的貼文、分享的項目，以及提示管理者該做的動作。有任何新的通知，管理者都可以在個人臉書或粉絲專頁的右上角 💬 圖示上看到數字，就知道目前有多少的新通知訊息。查看這些通知可以讓管理者更了解粉絲專頁經營的狀況以及可以執行的工作。

下拉點選通知項，可查看最新的通知內容

切換到「通知」標籤可看到所有的粉絲頁通知

洞察報告

粉絲專頁也內建了強大的行銷分析工具，例如在「洞察報告」方面，對於貼文的推廣情形、粉絲頁的追蹤人數、按讚者的分析、貼文觸及的人數、瀏覽專頁的次數、點擊用戶的分析…等資訊，都是粉絲專頁管理者作為產品改進或宣傳方向調整的依據，從這些分析中也可以了解粉絲們的喜好。

「洞察報告」標籤會摘要過去七天內的粉絲專頁報告，包括：發生在粉絲專頁的集客力動作、粉絲專頁瀏覽次數、預覽情況、按讚情況、觸及人數、貼文互動次數、影片觀看總次數、粉絲頁追蹤者、訂單等。除了總攬整個成效外，從左側也可以個別查看細項的報告。

對於已發佈的貼文，其發佈的時間、貼文標題、類型、觸及人數、互動情況等，也可以在洞察報告中看得一清二楚，而點選貼文標題，可看到貼文的詳細資料和貼文成效。

顯示已發佈的所有貼文

點選標題可查看貼文成效

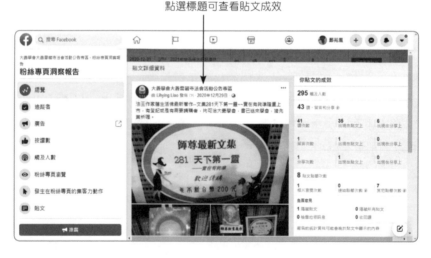

發佈工具

在「發佈工具」部分，由於 Facebook 和 Instagram 已經整合在一起，所以會看到如下的畫面：

目前 FB 提供的是「商務套件」，讓你可以同時發佈貼文到 FB 和 IG，也可以快速瀏覽更新的內容並取得洞察報告，想試用商務套件的功能，可在底下按「試用商務套件」鈕。而原先所提供的已發佈貼文、排定發佈貼文、將到期的貼文等功能將不再支援。

設定

臉書的粉絲專頁所提供的「設定」功能相當多，在粉絲頁的左側切換到「設定」標籤，就可以進行一般、訊息、通知、粉絲專頁資訊…等各種的設定。各位可以概略的檢視一下「設定」所包含的設定項目，比較特別的功能我們會跟各位做進一步說明。

一般

這個頁面主要用來檢視或編輯粉絲專頁的各項設定，管理者只要針對各項標題，按下後方的「編輯」鈕就能做進一步的設定。

點選「編輯」鈕進一步設定

訊息設定

主要設定用戶如何傳送訊息給你的粉絲專頁，其設定的區塊內容包括一般性的使用 Return 鍵傳送訊息、開啟 Messenger 對話、Messenger 對話過程中的自動回覆設定。

通知

當粉絲專頁有任何動態或更新消息時，可以讓臉書通知你。通知的設定包括：貼文留言、活動的新訂戶、專頁的新追蹤者、貼文新收的讚…等，或是有人傳送訊息給粉絲專頁、開啟簡訊功能、電子郵件通知等，都可以在「通知」的類別中進行設定。

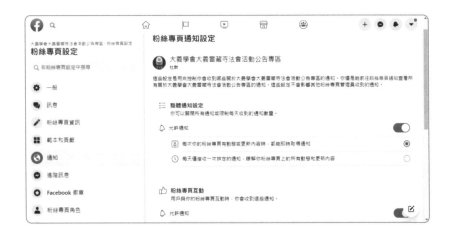

▶ 粉絲專頁的權限管理

粉絲專頁的管理工作相當多,不管是文案的構思、影片的發佈、訊息的回覆、企劃活動,都需要有專門的人員來管理與維護,所以設定多人來幫忙管理粉絲頁是有其必要性。管理者可視需要管理的內容來增加管理人員的角色與權限,這個小節就針對角色的分類、新增 / 移除角色、權限設定等方面來進行討論。

💬 粉絲專頁的角色分類

當各位在臉書上建立粉絲專頁後,你就自動成為粉絲專頁的管理者,只有你可以更改粉絲專頁的外觀,並以粉絲專頁身分進行貼文,而且也只有管理者可以指派角色或變更他人的角色,而被指派角色的用戶都必須都有自己個人的臉書帳號才被指派。粉絲專頁的管理角色共有五種,包括:管理員、編輯、版主、廣告主、分析師。

* 管理員:為最高管理者,管理粉絲專頁的角色與設定、可編輯專頁、新增應用程式、建立 / 刪除貼文、進行直播、發送訊息、回應 / 刪除留言與貼文、移除 / 封鎖用戶、建立廣告、推廣活動、查看洞察報告、查看誰以粉絲專頁的身分發佈內容。

- 編輯：角色權限僅次於管理者，除了無法管理粉絲專頁的角色與設定外，其餘的權限與管理者相同。
- 版主：權限次於編輯，可以專頁身分發送訊息、回應／刪除留言或貼文、移除／封鎖用戶、建立廣告、推廣活動、查看洞察報告、查看誰發佈內容。
- 廣告主：可建立廣告、推廣活動、查看洞察報告、查看誰發佈內容。
- 分析師：可查看洞察報告、查看誰發佈內容。

要注意的是，粉絲專頁的管理員可以是多個用戶共同管理，並沒有數量上的限制，只要是管理員就可以更改角色和權限。

一個粉絲專頁可以有多個管理員共同管理

◎ 新增／變更／移除粉絲專頁角色

管理員要為粉絲專頁新增角色，請切換到專頁的「設定」標籤，接著點選「粉絲專頁角色」的類別，先在欄位中輸入姓名或電子郵件，找到對象後由後方設定角色後，按下「新增」鈕即可新增角色。如下圖所示：

為了帳戶的安全性，粉絲專頁建立者必須輸入密碼才可進行提交。提交通過後，即可以下方看到剛剛新增的角色和所有管理人員的名單，而被設定角色的用戶也會收到通知。

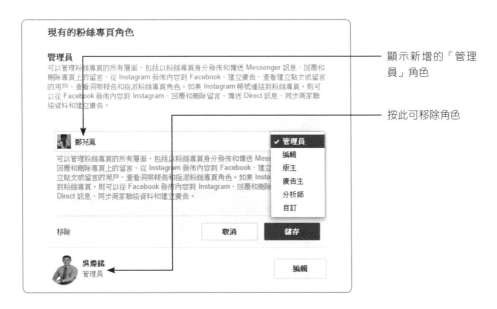

顯示新增的「管理員」角色

按此可移除角色

角色新增之後，若要變更用戶的角色，或是想要移除該角色，都可直接按下該用戶後的「編輯」鈕，點選「移除」鈕將進行刪除，點選「編輯」後方的上 / 下鈕變更新角色。

▶ 不藏私粉專管理技巧

建立粉絲專頁後，就要不定期的發佈貼文，讓粉絲們了解最新的活動或訊息。不會有人想追蹤一個沒有內容的粉專，因此貼文內容扮演著重要的角色，貼文的內容要吸引粉絲的注意，當然就不能一昧地推銷自家產品比別人好，社群上的用語要人性化，才顯得真誠有溫度，希望得到什麼樣的回答，就要用同樣的態度回覆留言。除了貼文的發佈與訊息的回覆外，還有許多實用的管理功能，例如如何開 / 關訊息功能、如何暫停 / 刪除粉絲頁、如何查看 / 回覆留言、各項活動紀錄等，這裡一併為各位做說明。

◉ 開啟與編輯訊息

粉絲專頁的「訊息」功能用來設定用戶如何傳送訊息給你的粉絲專頁，你可以設定用戶是否可以私下與你的粉絲專頁聯絡。請切換到粉絲專頁的「設定」標籤，切換到「一般」類別，再由「訊息」後方按下「編輯」鈕進行設定。

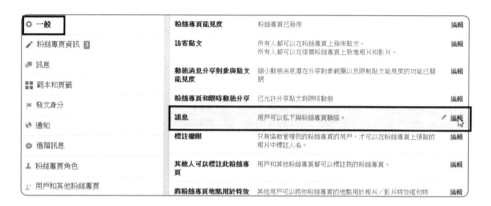

勾選如下的選項，就能允許用戶私下與我的粉絲頁聯絡，否則會將「發送訊息」鈕從粉絲專頁中移除。

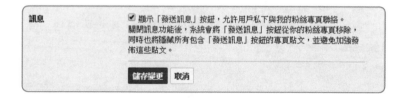

在「訊息」的類別中，有提供如下幾個項目功能的設定，其預設值都是呈現「off」的關閉狀態，點選一下按鈕就能呈現「啟用」狀態：

在「訊息」的類別中，有提供如下幾個項目功能的設定，其預設值都是呈現關閉狀態，點選一下按鈕就能呈現「啟用」狀態：

- 一般設定：能讓管理者在寫完訊息後，直接按「Enter」或「Return」鍵傳送訊息。

- 開啟 Messenger 對話：在用戶發送訊息給你的粉絲專頁之前，先向對方致上問候。你也可以在 Facebook 以外的地方展示 Messenger 連結，或是將 Messenger 新增到你的網站。

- Messenger 對話過程中：設定自動回覆，或是顯示是誰代表你的粉絲專頁發送訊息。

當店家的粉絲專頁允許粉絲或訪客在專頁上發佈貼文，這些發佈內容在預設狀態下是不會影響到粉絲頁的正文顯示，因為臉書會把訪客的公開貼文全部集中到「社群」之中，所以若要查看所有粉絲的公開貼文，可以從粉絲頁點選「社群」頁籤，就可看到所有的公開貼文。

訪客的公開貼
文顯示在此區

關閉與限制留言

粉絲專頁在預設狀態下是允許粉絲們留言或上傳相片 / 影片,如果不希望任何人都可以任意到你的粉絲專頁上貼文或貼圖,像是置入性的廣告或無關的貼文而影響到粉絲專頁的品質,可以考慮關閉粉絲頁的留言功能。

請由粉絲頁按下「設定」標籤,切換到「一般」類別,按下「訪客貼文」後方的「編輯」鈕進行編輯。

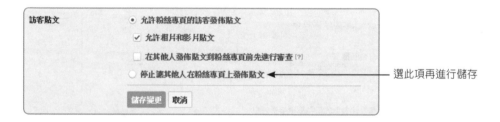

選此項再進行儲存

查看與回覆留言

當粉絲們瀏覽你的專頁後,如果直接在粉絲專頁上進行留言與發佈,管理員只要一進入到粉絲專頁,就會立即在「動態消息」裡看到留言的內容。操作示範如下:

1 訪客可以在粉絲頁按下「建立貼文」鈕

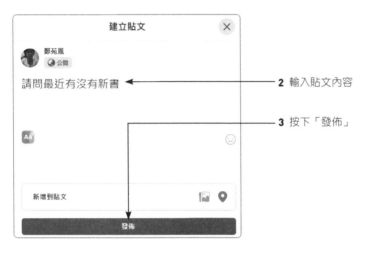

2 輸入貼文內容

3 按下「發佈」

訪客貼文顯示於此

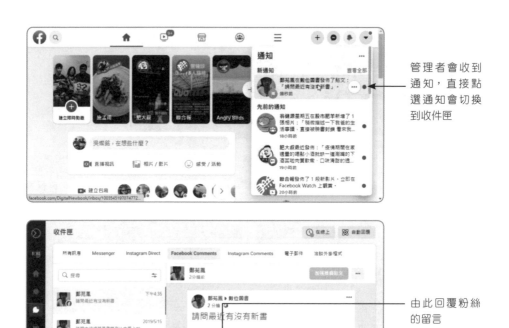

管理者會收到通知,直接點選通知會切換到收件匣

由此回覆粉絲的留言

查看活動紀錄

粉絲專頁的管理工作相當多,除了貼文、上傳相片相片 / 影片、回覆留言外,想要確切知道何時做過哪些事情,或是要找尋先前與粉絲們的留言紀錄,就可以透過「活動紀錄」來做查詢。請在「設定」標籤的左側最下方先點選「活動紀錄」,才能切換到活動紀錄的畫面。

1 由左側下方點選「活動紀錄」

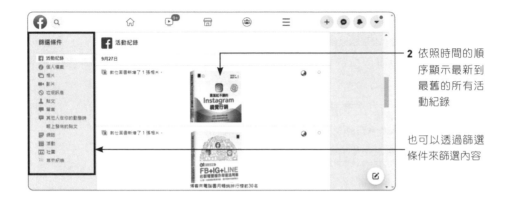

2 依照時間的順序顯示最新到最舊的所有活動紀錄

也可以透過篩選條件來篩選內容

除了看到所有的活動紀錄外，你也可以針對分類進行查詢，像是留言的回覆紀錄、他人在你的動態時報上發佈的貼文等，都可以透過左側的篩選條件來篩選。

變更範本與頁籤順序

臉書的粉絲專頁有提供各種的專頁範本，例如：標準、企業、場地、Movies、非營利組織、政治人物、服務業、餐廳和咖啡店、購物，選擇適合的專頁範本有助於粉絲頁的發展與需求。一般在建立粉絲頁時，臉書就會根據你所選擇的類別來套用合適的範本，如果之後想要進行範本的變更，可以在粉絲頁點選「設定」標籤，接著在左側點選「範本和頁籤」，就能在右側按下「編輯」鈕重新選擇合適的專頁範本。

在選定新的範本後，就會自動取代你現有的按鈕和頁籤。「頁籤」是顯示在粉絲頁名稱下方的各項標籤，包括：首頁、貼文、影片、相片、關於…等。頁籤顯示的先後順序也可以自行調整喔，只要在此透過滑鼠上下拖曳，即可調動上下順序。

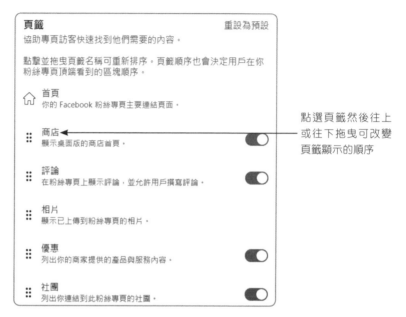

點選頁籤然後往上或往下拖曳可改變頁籤顯示的順序

▶ 粉專零距離推廣密技

如果各位的粉絲專頁觸及率範圍有限，就需要依靠推廣策略來得到擴大效果。粉絲專頁必須掌握經營方法與擬定好推廣策略，這些策略不外乎舉辦各項活動、設定里程碑、建立推廣、建立優惠、或刊登廣告等，藉此擴大潛在客群，讓還沒對各位粉絲專頁按讚的用戶也能看到您的內容。

○ 舉辦活動

粉絲團經營最重要的就是和粉絲互動，有良好的互動，就有讓人驚喜的曝光，那麼舉辦活動就是個不錯的點子。在臉書裡，除了在粉絲專頁發佈商品的各種訊息和相關知識外，也可以透過活動的舉辦來推廣商品。經營者可以針對粉絲

專頁的特性來設計不同的活動，或是藉由活動的舉辦來活絡粉絲專頁與粉絲之間的互動，讓彼此的關係更親密更信賴。在粉絲頁上建立活動，這也是促進消費行為的關鍵要素，通常需要設定活動名稱、活動地點、舉辦的時間、活動相片、或隱私設定等，這樣就可讓粉絲們知道活動內容。

要針對粉絲專頁舉辦活動，請由建立貼文下方點選建立 活動 鈕即可建立新活動。目前可以建立的活動可以分為「線上」及「現場」，其中「線上」可以透過 Messenger 包廂線上聊天或直接使用 Facebook Live 直播或讓各位新增外部連結。而「現場」就是指在特定時間地點與參加活動的人一起聚會。

如果按下「線上」可以接著選擇「活動類型」，分為「一般」及「課程」兩種類型，如下圖所示：

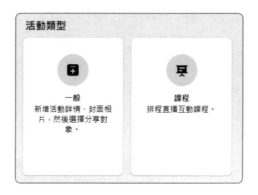

當決定好活動類型後,接著就必須設定活動入場費,可以有免費及付費的兩種
選擇:

一切就緒後就必須輸入活動的詳情,諸如活動名稱、地點、開始時間及結束時
間,就可以進行發佈。

● 優惠折扣大方送

通常品牌粉專在建立初期時會建議採用大量曝光的方式來推廣，例如舉辦優惠活動是各個店家最常使用的一個功能。粉絲專頁上建立優惠、折扣，或是限定時間的促銷活動，可讓客戶感受賺到和撿便宜的感覺，不僅可以吸引既有顧客回流，還能為店家帶來新客群。店家所建立的優惠折扣，可以設定用戶在實體商店或是在網路商店中進行兌換，儲存店家優惠的粉絲都將自動收到提醒通知，以便在優惠到期前加以兌換。

要你的顧客建立優惠，請由建立貼文下方點選建立 優惠 鈕即可隨意建立和分享優惠，用戶儲存你的優惠之後，就會在優惠到期前收到通知。

在此按下「優惠」鈕

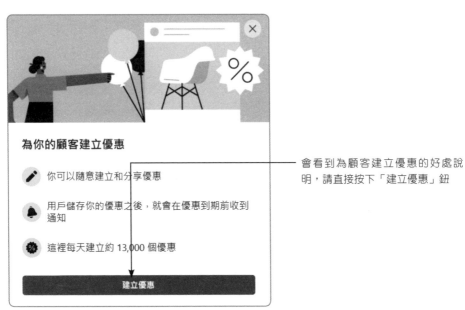

會看到為顧客建立優惠的好處說明，請直接按下「建立優惠」鈕

接著會到如下的視窗，請設定優惠名稱、折扣類型、折扣百分比或促銷的廣告圖片，按下「發佈」鈕就可以進行發佈。

特別注意的是，一旦建立優惠就無法再次編輯或刪除，所以發佈之前要仔細確認所有的產品資訊是否有誤，千萬不要「千」元商品變「百」元，賺錢不成先賠掉所有本。

下載粉絲專頁副本

對於自己所用心經營的粉絲專頁，不管是分享的貼文、相片、或影片，如果想要下載下來保存也是可以做到！你可以隨時下載你的 Facebook 粉絲專頁資訊副本，包括下載所有資訊，或只選擇想要下載的資料類型和日期範圍。

店家要下載粉絲專頁副本，請在粉絲頁的「設定」標籤中，由左側先點選「一般」頁籤，接著點選「下載粉絲專頁」後方的「編輯」鈕。

點選「下載粉絲專頁」的連結

下載粉絲專頁	下載你的粉絲專頁的貼文、相片、影片和粉絲專頁資料等副本。	
	下載粉絲專頁	
合併粉絲專頁	合併重複的粉絲專頁	編輯
移除專頁	刪除粉絲專頁	編輯

接著會出現下圖視窗：

你也可以選擇以 HTML 格式接收資訊以利查看，或使用 JSON 格式以便輕鬆將資訊匯入其他服務。「下載資訊」程序受到密碼保護，以確保帳戶安全。建立副本後，僅有幾天時間可下載檔案。

05

粉絲行銷超熱門的
應用程式

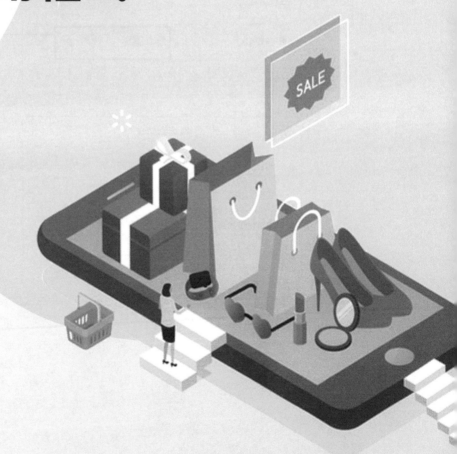

粉絲專頁一直以來不斷地加入各種好用的應用程式,從早期的相片、影片、網誌、活動等,到後來的打卡、標註商品、票選活動、清單…等,臉書所提供的應用程式是個不錯的方法來擴增粉絲專頁的功能,相信各位都能明顯感受到它的不斷更新與加強,而且臉書現在已將這些好用的應用程式都整合在一起,各位只要依照需求在貼文視窗下方選擇想要的應用程式,就讓粉絲們感受到新鮮而特別的貼文內容。

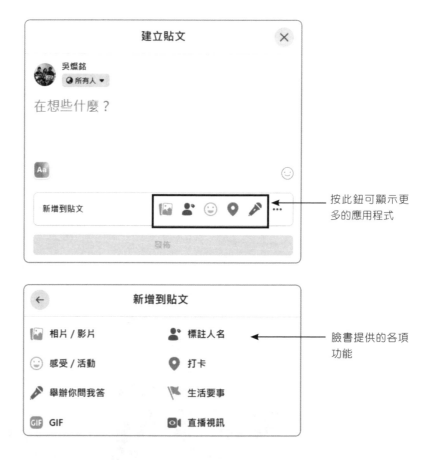

按此鈕可顯示更多的應用程式

臉書提供的各項功能

這一章我們將針對這些熱門實用的應用程式做說明,讓各位能夠靈活運用,以各種豐富的面貌來呈現貼文內容。

▶ 活用相片 / 相簿 / 影片程式

相片及影片的貼文發佈是大家最常使用的功能，如果將自己用心拍攝的圖片加上貼文至行銷活動中，對於提昇粉絲的品牌忠誠度來說則有相當的幫助，例如紐約相當知名的杯子蛋糕名店 Baked by Melissa，就成功運用有趣又繽紛的貼文，使蛋糕照更添一份趣味，讓粉絲更願意分享，同時與當地甜食愛好者建立一種相當緊密的聯繫互動。

✿ Baked by Melissa 成功張貼有趣又繽紛的貼文

在前面章節中曾經跟各位介紹過分享相片 / 影片、發佈相簿貼文、製作與發佈輕影片等技巧，相信各位還記憶猶新，這裡則要針對相片 / 相簿的編輯與刪除作補充。

💬 刪除相片 / 相簿

已發佈的相片或相簿若要刪除，可切換到「相片」標籤裡中點選要刪除的相簿，進入該相簿後，按下右上方的「選項」 ⋯ 鈕，即可選擇編輯相簿、下載相簿、刪除相簿、移轉相簿、編輯封面相片等功能。如圖示：

1 切換到「相片」標籤

2 點選要刪除的相簿

按下右上方的「選項」鈕執行「刪除相簿」指令

相簿中的相片移動

當粉絲頁中有很多相簿時,想將相簿中的某張相片移到另一個相簿之中,可在進入相簿後,可由上一節中的指令清單中,選擇「移轉相簿」指令,接著在顯示的視窗中指定要放入的相簿名稱,就可以搞定。

分享相簿給其他人

如果你想將整個相簿分享給其他的網友,只要取得相簿的連結網址,再將連結的網址貼給想要分享的人,就可以輕鬆分享相簿。

2 按「Ctrl」+
「C」鍵複製此
網址，離開後按
「Ctrl」+「V」
鍵將連結貼到
所需的社群

1 先進入要分享
的相簿中

 密技 - 將連結網址轉設成為短網址

在臉書中所取得的連結網址，通常後面都會跟著一大串的數值，如下所示：
https://www.facebook.com/media/set/?set=a.1619418194973999.1073741833.
1452627374986416&type=1&l=d58d55ea22

在你取得連結的網址後，不妨利用縮短網址產生器來將一長串的網址變更
為短網址，像是 is.gd、Weibo、PicSee、TinyUrl、BitLy 等都可以使用。或是
你在 Google 搜尋列上輸入「短網址服務」的關鍵字，就可以找到相關的線
上工具。如下圖所示是縮短網址產生器的網址：https://www.ifreesite.com/
shorturl/

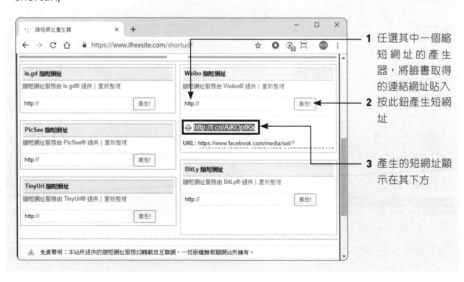

1 任選其中一個縮
短網址的產生
器，將臉書取得
的連結網址貼入

2 按此鈕產生短網
址

3 產生的短網址顯
示在其下方

接下來複製該短網址，再將網址貼入所需的社群網站或地方，如此一來，一大串的網址就只變成「http://t.cn/AiKOptKa」。

🗨 使用影片建立播放清單

影片所營造的臨場感及真實性確實更勝於文字與圖片，靜態廣告轉化為動態的影音行銷就成為勢不可擋的時代趨勢，只要影片夠吸引人，就可能在短時間內衝出高點閱率。粉絲頁的「影片」頁籤，提供了播放清單的功能，讓管理者可以將同類型的影片整理在一起，讓粉絲們可以針對有興趣的主題進行瀏覽，快速找到他們有興趣的內容。

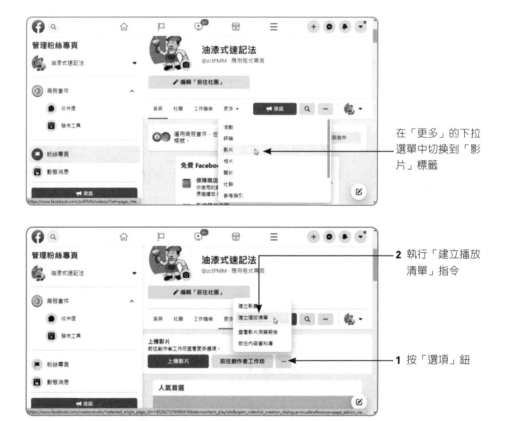

在「更多」的下拉選單中切換到「影片」標籤

2 執行「建立播放清單」指令

1 按「選項」鈕

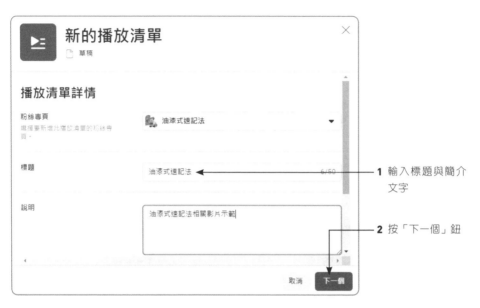

1 輸入標題與簡介
  文字

2 按「下一個」鈕

按此鈕從影片庫
新增影片

勾選要加入播放
清單的影片後按
此鈕

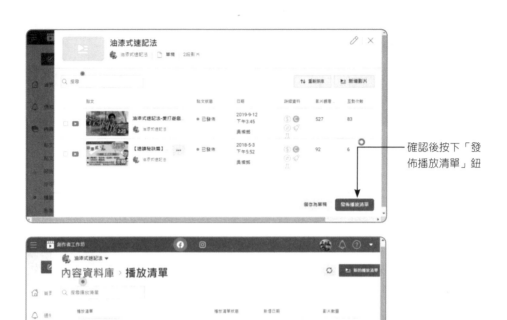

確認後按下「發
佈播放清單」鈕

完成播放清單
的設定

密技 - 將喜歡的影片列入「我的珍藏」

在臉書上瀏覽影片時，如果看到喜歡的影片可以考慮將它下載並列入「我的珍藏」之中，這樣以後隨時都可以從「我的珍藏」中把它叫出來欣賞。設定方式如下：

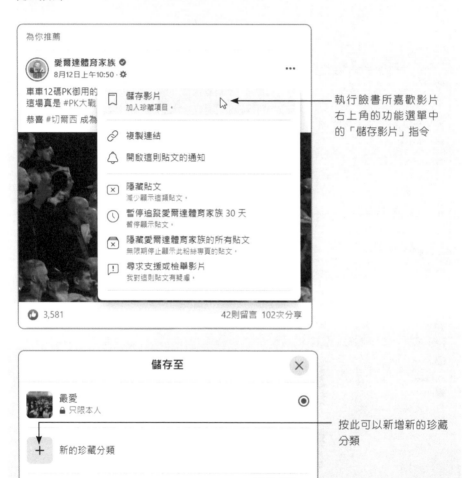

執行臉書所嘉歡影片右上角的功能選單中的「儲存影片」指令

按此可以新增新的珍藏分類

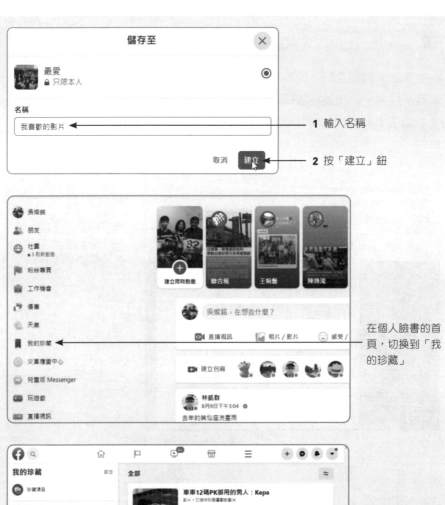

1 輸入名稱

2 按「建立」鈕

在個人臉書的首頁，切換到「我的珍藏」

顯示剛剛所珍藏的影片

如果各位是用手機看到喜歡的影片，也可以將影片儲存下來呦，如下所示，點選影片會以單一畫面顯示影片內容，按下右上方的 ••• 鈕後，下方會顯示選單，直接點選「儲存影片」鈕，就可將影片儲存下來。

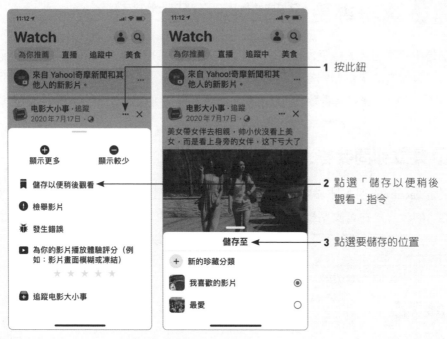

1 按此鈕

2 點選「儲存以便稍後觀看」指令

3 點選要儲存的位置

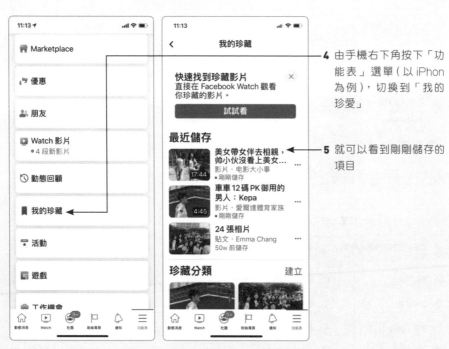

4 由手機右下角按下「功能表」選單（以 iPhone 為例），切換到「我的珍愛」

5 就可以看到剛剛儲存的項目

▶ 讓粉專更吸睛的應用程式

臉書中除了相片 / 相簿、影片是大家最常使用的應用程式外，還有許多的小程式可讓貼文的呈現更豐富有趣，例如：票選活動、標註商品、工作機會、感受活動…等，這裡就來看看我們提供的私房應用程式可以做出那些效果。

💬 建立你問我答

最近 Facebook 又推出舉辦「你問我答」的貼文活動，讓你向其他網友發問問題，開放好友在留言區發問，你可以逐一回答問題，如果要結束這個活動，也可以直接從選單中執行「結束你問我答」指令就可以結束這項貼文活動。

在「建立貼文」視窗中按下此鈕

按「舉辦你問我答」

按「繼續」鈕

輸入這個活動的相關文字說明
後,按下「發佈」鈕

活動中可以在此輸入文字進行
相關的內容回覆

如果想關閉「你問我答」，可以點選你問我答貼文右上角的
「…」鈕，執行選單中的「結束你問我答」指令。

工作機會

透過臉書的粉絲專頁，管理者也可以發佈徵才貼文，許多中小企業早已開始使
用臉書徵才，為公司所欠缺的職缺找到適合的人才。利用粉絲專頁所發佈的職
缺是免費，而且有興趣的人可以先透過粉絲頁來了解商家，再進一步提出履歷
申請，而應徵者提出求職申請後，管理者可直接利用 Messenger 來追蹤和審閱
求職申請。

要發佈徵才貼文，請由貼文區塊上方點選「工作機會」鈕：

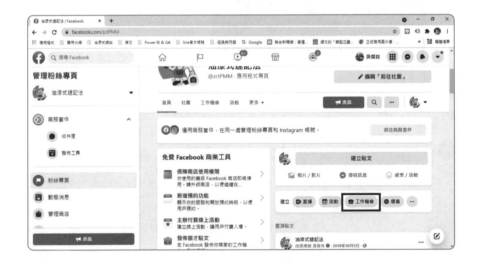

接著將會看到如圖的視窗，請上傳相片後，填寫職稱、薪資、工作類型、詳細資料、其他問題、電子郵件等相關資訊，在右側可以預覽職缺外觀。

接著按「下一步」鈕，選擇工作機會分享的對象，確認沒問題，按「發佈」鈕就完成徵才貼文的公告。

▶ 創意社交外掛程式

在經營粉絲頁和官方網站時，如果希望兩處的粉絲和用戶都能匯流在一起，讓瀏覽官網的人也能同時到粉絲專頁中按讚或做分享，那麼就要對社交外掛程式有所了解。社交外掛程式可運用在電腦網頁、android 手機、蘋果手機等平台上，使加入「讚」、「分享」、「發送」等按鈕，或是內嵌留言、貼文、影片等。

電腦版加入外掛程式並不需要具備開發人員的資格就可加入外掛程式，而手機上使用外掛程式則必須註冊為開發人員，同時要提交並經過審查才行使用。粉絲專頁建置外掛程式，可方便管理者在自己的網站上內嵌和推廣粉絲專頁。

● 常見社交外掛程式

臉書上常見的外掛程式與功能包含如下幾種：

* 社團外掛程式：可讓用戶從電子郵件訊息中或網頁上的連結加入您的臉書社團。
* 「儲存」按鈕：讓用戶將商品或服務儲存到臉書的個人清單，方便做分享和接收通知。
* 引文外掛程式：讓用戶選擇您專頁上的文字並新增至自己的分享內容，以便傳達更精彩生動的故事。
* 「讚」按鈕：讓用戶按一下按鈕，就能將網頁內容分享到個人臉書的檔案中，以供他們的朋友瀏覽。
* 「分享」按鈕：讓用戶將內容分享到臉書上，也可分享給特定朋友或社團。
* 「發送」按鈕：可透過私人訊息將內容傳送給朋友。
* 內嵌留言：能將公開的留言置入到網站或網頁中。
* 內嵌貼文：可將公開的貼文置入其他網站或網頁中。
* 內嵌影片和直播視訊播放器：輕鬆在網頁中加入臉書影片或直播視訊，而影片來源則是粉絲專頁上公開發佈的影片貼文。
* 粉絲專頁外掛程式：可使用粉絲專頁外掛程式在網站上嵌入粉專的元件。
* 留言外掛程式：利用留言外掛程式，直接在網站上以自己的臉書帳號回應網站內容。

上述的這些外掛程式，各位可以在如下的網址中取得說明。網址為：https://
developers.facebook.com/docs/plugins/?translation

想使用這些外掛程式功能，首先各位必須對於 HTML 的語法要有所了解，能概
略看懂程式碼和標籤的含意，才有辦法將取得的程式碼範例複製到你的網站之
中，然後再針對網站畫面的需求進行屬性的修改。

◯ 最暖心的外掛程式

要使用這些社交外掛程式，首先是選定要使用的網頁或粉絲專頁網址，接著是
決定要加入的外掛程式或按鈕。這裡以網頁版的「讚」按鈕為例，請在如上的
網址裡找到「讚」按鈕的標題，如圖示：

「讚」按鈕

只要點一下，就能將粉絲專頁和內容分享到 Facebook 個人
檔案。

按下上圖超連結後，各位會看到如下的「讚」按鈕配置器，請將你的網址貼入
至「按讚的網址」中，「版面設計」提供 standard、box_count、button_count、

button 等四種不同的效果，按鈕大小有只有 large 和 small 兩種尺寸，設定之後可在下方預覽版面效果。

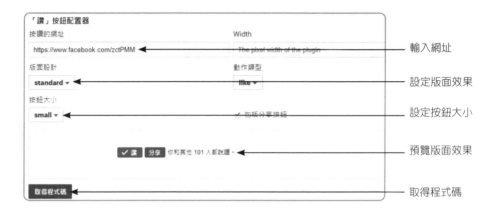

設定之後按下「取得程式碼」鈕，接著會跳出如下的程式碼，請將第一段的程式碼複製後，放置在網頁開始處的 \<body\> 和 \</body\> 之中，這是社群外掛程式的載入的程式。第二段的程式碼則是複製後放在按鈕要顯示的位置上，完成後儲存網頁檔，這樣就可以在網頁上看到所加入的「讚」按鈕了。

除了將上述的程式碼拷貝到網頁中，臉書也提供相關的語法供各位參考，方便管理者調整屬性或版面。

06

讓粉絲甘心掏錢的
行銷密技

社群成為 21 世紀的主流媒體,從資料蒐集到消費,人們透過這些社群作為全新的溝通方式,社群服務的核心在於透過提供有趣的內容與訊息,社群中的人們彼此會分享資訊,相互交流間接產生了依賴與歸屬感。例如 2011 年「茉莉花革命」(或稱為阿拉伯之春)如秋風掃落葉般地從北非席捲到阿拉伯地區,引爆點卻是臉書,一位突尼西亞年輕人因為被警察欺壓,無法忍受憤而自焚的畫面,透過臉書等社群快速傳播,頓時讓長期積累的民怨爆發為全國性反政府示威潮,進而導致獨裁 23 年領導人流亡海外,接著迅速地影響到鄰近阿拉伯地區,如埃及等威權政府土崩瓦解,這就是由鄉民所產生的社群媒體力量。

時至今日,我們的生活已經離不開網路,而與網路最形影不離的就是「社群」,這已經從根本撼動我們現有的生活模式了,例如臉書(Facebook)在 2017 年時全球使用人數已突破 23 億,臉書的出現令民眾生活形態有不少改變,在台灣更有爆炸性成長,打卡(在臉書上標示所到之處的地理位置)是特普遍流行的現象,台灣人喜歡隨時隨地透過臉書打卡與分享照片,是國人最愛用的社群網站,讓學生、上班族、家庭主婦都為之瘋狂。

▶ 走入臉書行銷五部曲

我們的生活受到行銷活動的影響既深且遠,行銷的英文是 Marketing,簡單來說,就是「開拓市場的行動與策略」。行銷策略就是在有限的企業資源下,盡量分配資源於各種行銷活動。彼得‧杜拉克(Peter Drucker)曾經提出:「行銷(marketing)的目的是要使銷售(sales)成為多餘,行銷活動是要造成顧客處於準備購買的狀態。」

網路行銷(Internet Marketing),或稱為數位行銷(Digital Marketing)本質其實和傳統行銷一樣,最終目的都是為了影響目標消費者(Target Audience),主要差別在於溝通工具不同,現在則可透過網路通訊的數位性整

❖ 行銷活動已經和現代人日常生活行影不離

合，使文字、聲音、影像與圖片可以結合在一起，讓行銷標的變得更為生動與即時。網路時代的消費者是流動的，行銷不但是一種創造溝通，並傳達價值給顧客的手段，也是一種促使企業獲利的過程。

對於行銷人來說，數位行銷的工具相當多，很難一一投入且所費成本也不少，而社群媒體的使用則是大家最廣泛使用的工具。尤其是剛成立的公司或小企業，沒有專職的行銷人員可以處理行銷推廣的工作，所以使用社群網來行銷品牌與產品，絕對是店家與行銷人員不可忽視的熱門趨勢。臉書行銷其實不難，只要能把消費者心裡想東西，變成創意，再變成以社群為核心的活動或內容，才是能創造效益的關鍵。社群行銷要成功，首先要改變傳統思維，我們接下來將讓各位能夠快速掌握臉書行銷相關步驟與絕對不藏私的粉絲專頁行銷密技。

確定目標受眾

企業所面臨的市場是一個不斷變化的環境，而消費者也變得越來越精明，首先我們要了解並非所有消費者都是你的目標客戶，企業必須從目標市場需求和市場行銷環境的特點出發，特別應該要聚焦在目標族群，透過環境分析階段了解所處的市場位置，對於不同的目標，你需要有多個廣告活動，以及對應不同意圖的目標受眾，再透過社群行銷規劃確認自我競爭優勢與精準找到目標客戶。

❖ 東京著衣經常透過臉書、影音直播與粉絲交流

例如東京著衣創下了網路世界的傳奇，更以平均每二十秒就能賣出一件衣服，獲得網拍服飾業中排名第一，就是因為打出了成功的市場區隔策略。東京著衣的市場區隔策略主要是以台灣與大陸的年輕女性所追求大眾化時尚流行的平價衣物為主。產品行銷的初心在於不是所有消費者都有能力去追逐名牌，許多人希望能夠低廉的價格買到物超所值的服飾，東京著衣讓大家用平價實惠的價格買到喜歡的商品，並以不同單品搭配出風格多變的造型，更進一步採用「大量行銷」來滿足大多數女性顧客的需求。

企業本身了解要提供那些價值給客戶後，對於目標受眾的特質、喜好也必須做進一步的了解，包括他們的年齡、工作、收入水平、興趣、習慣、動機…等，取得正確且有參考價值的訊息，才能迎合目標客戶的喜愛，創造更合適的社群行銷內容，進而增加曝光率、增加流量、增加粉絲人數、獲得潛在客戶名單，讓企業提升銷售業績。

🗨 競品分析研究

「知己知彼，百戰百勝」，所謂競品分析的研究就是研究目前自己對自己有威脅性的對手，一方面可以了解競爭對手的動態和做法，也可以藉機會了解目前產業情況和趨勢。「創意」人人都會說，不過創意不能只從「自家」的角度去思考，例如行銷人員可藉由 SWOT 分析作為分析企業競爭對手與行銷規劃的基礎架構，以作為社群行銷時著力的策略與方向。

🖉 Tips

SWOT 分析（SWOT Analysis）法是由世界知名的麥肯錫咨詢公司所提出，又稱為態勢分析法，是一種很普遍的策略性規劃分析工具。當使用 SWOT 分析架構時，可以從對企業內部優勢與劣勢與面對競爭對手所可能的機會與威脅來進行分析，然後從面對的四個構面深入解析，分別是企業的優勢（Strengths）、劣勢（Weaknesses）、與外在環境的機會（Opportunities）和威脅（Threats）。

漢堡王很擅長利用臉書等社群，提高忠誠消費者好感度，長期以來漢堡王在廣告策略上都會有意無意「嗆」一下市場龍頭麥當勞，例如以分店的數量相比，差距都讓麥當勞遙遙領先，因此漢堡王針對麥當勞的弱點是對於成人市場的行

銷與產品策略不夠，而打出麥當勞是青少年的漢堡，反而主攻成人與年輕族群的市場，配合大量的社群行銷策略，喊出成人就應該吃漢堡王的策略，以此區分出與麥當勞全然不同的目標市場，不但創造話題又提高銷量。

❖ 漢堡王與麥當勞在臉書社群經營上做出差異

消費者洞察（consumer insight）是很重要的行銷利器之一，在臉書粉絲專頁的「洞察報告」中，就有「觀察對手專頁」的功能，可以讓你將粉絲專頁的貼文成效與臉書上類似的粉絲專頁成效進行比較，多了解競爭對手的粉絲數或追蹤數量、發文頻率、發佈的貼文類型、如何和粉絲互動或回饋…等，都是提供你訂定行銷內容的參考。

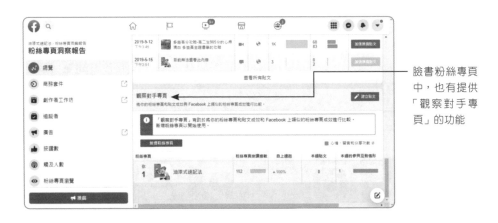

臉書粉絲專頁中，也有提供「觀察對手專頁」的功能

💬 連結其他社群平台

由於行動世代成為今天的主流，社群媒體仍是全球熱門入口 APP，我們知道社群平台可以說是依靠行動裝置而壯大，Facebook、Instagram、LINE、Twitter、SnapChat、Youtube 等各種社群媒體，早已經離不開大家的生活，社群的魅力在於它能自己滾動，由於每個人的喜好各有不同，社群行銷之前，必須找到消費者者愛用的社群平台進行溝通。由於所有行銷的本質都是「連結」，對於不同受眾來說，需要以不同平台進行推廣，因此社群平台的互相結合能讓消費者討論熱度和延續的時間更長，理所當然成為推廣品牌最具影響力的管道之一。

❖ SnapChat 社群相當受到歐美年輕人的喜愛

每個社群媒體都有它獨特的功能與特點，社群行銷的特性往往是一切都是因為「連結」而提升，建議各位可將上述的社群網站都加入成為會員，了解顧客需求並實踐顧客至上的服務，只要有行銷活動就將訊息張貼到這些社群網站，或是讓這些社群相互連結，一旦連結的很成功，「轉換」就變成自然而然，如此一來就能增加網站或產品的知名度，大量增加商品的曝光機會，讓許多人看到你的行銷內容，對你的內容產生興趣，最後採取購買的行動。

規劃與擬定主題內容

一篇好的行銷內容就像說一個好故事，沒人愛聽大道理，一個觸動人心的故事，反而更具行銷感染力，每個故事就是在描述一個產品，成功之道就在於如何設定內容策略。各位加入至各大社群網站後，並不是到處張貼商品資訊就能夠吸引顧客上門，還必須考慮到行銷主題，更加關注顧客的需求，因為創造的內容還是為了某種行銷目的，銷售意圖絕對要小心藏好，也不能只是每天產生一堆內容，必須長期經營與追蹤與顧客的互動。

社群內任何的主題內容，其出發點都要以客戶的立場思考，讓客戶成為真正的受益者，單純地放上企業資訊就能成功的機率是很低，盡量避免直接明示產品或服務，一個不適當的評論或貼文可能瞬間讓你流失數百個粉絲，透過消費者感興趣的內容來潛移默化傳遞品牌價值，更容易帶來長期的行銷效益，甚至進一步讓人們主動幫你分享內容，以達到產品行銷的目的，重要性對於線上或線下店家都是不言可喻的。

每個行銷人都知道影音的重要性，比起文字與圖片，透過影片的傳播，更能完整傳遞商品資訊。影片能夠建立企業與消費者間的信任，影音的動態視覺傳達可以在第一秒抓住眼球。以臉書來說，影片、直播的觸及人數和吸引力通常比貼文高出許多倍，影片廣告不管是對於提升品牌意識還是再行銷都是很好用的管道，而影片的觸及率比圖片高出 135%，所以有製作影片就盡量把影片放到貼文中。

有製作影片就盡量把
影片放到貼文中

現在行動裝置也有剪輯影片的 App，簡單步驟就能讓使用者加入手機中的影片／相片等素材，串接後再加入標題、濾鏡和背景音樂，快速就能完成影片的製作，而且能輕鬆分享到 Facebook 或 YouTube 上，如下所示的介面便是「威力導演行動版」。

至於貼文發佈的頻率並沒有一定的答案，主要因素是題材和資源是否充足，因為要發佈圖文並茂的貼文或聲光俱現的視訊影片，通常都得絞盡腦汁發想，再運用影像繪圖軟體或視訊剪輯軟體製作，如果資源不夠豐富，巧婦也難為無米之炊。

宣傳推廣與數據分析

社群平台具雖然都有它們自己的優勢，但並不是將商品資訊張貼出去就能順利賣出商品，所以主動宣傳與推廣自家的粉絲專頁是有其必要的，像是收集貼文的讚數後，可再邀請粉絲們對專頁按讚，因為喜歡貼文內容的人會對貼文按讚，但他們並不會特別對粉絲專頁按讚，所以行銷時要記得邀請曾經對貼文按讚的潛在粉絲們到粉絲頁按讚。

1 按於貼文下方的按讚人數

2 按「邀請」鈕可邀請對專頁按讚的人成為粉絲

粉絲專頁的貼文觸及率就好比人潮，張貼出去的商品資訊如果沒有觸及率，代表有沒有人走進店裏和看到商品，所以人潮流量的增加代表著商品或服務在人前大量曝光。

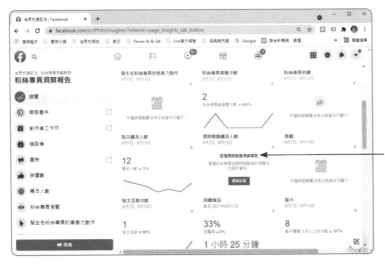

粉絲專頁的洞察報告可以清楚看到每篇貼文的觸及人數與參與互動的人數多寡

在社群網站中，觸及人數和按讚人數較多的貼文，往往被視為該粉絲團的最主要的人氣指標。針對這些超人氣的貼文、分享率較高、互動性較高的貼文，不妨可投放付費的廣告，這樣就可以低成本獲得較高的互動效果。各位可直接按下貼文後方的「加強推廣貼文」鈕進行付費推廣。

大多數的社群媒體都有提供基本的數據分析功能，臉書記錄著用戶一舉一動的資料，用越久數據越多越精確，透過這些數據資料可以掌握貼文的曝光度、了解哪些類型的內容較受歡迎、粉絲所在區域、年齡、性別等。分析並解讀這些資訊，才能在加強推廣貼文時找到所需的潛在客戶，才不會白白將銀彈投放到錯誤的群眾。對於有興趣了解相關資訊的個別粉絲，建議可以運用 Messenger 與其保持互動，盡可能為其量身打造，滿足他們的特定需求，如此才能往業務目標在邁進一大步。

▶ 小兵立大功的臉書廣告

販售商品最重要的是能大量吸引顧客的目光，廣告便是其中的一個選擇，也可以説是指企業以一對多的方式利用付費媒體，將特定訊息傳送給特定的目標視聽眾的活動。社群行銷是一個成本較低的行銷方式，但不代表就是免費，現代的消費者需求相當多元，不但要滿足需求還要提供更多行銷媒體的選擇。如果你不介意花點錢來宣傳你的粉絲團的話，不妨試試看使用臉書廣告來推廣粉絲專頁，臉書廣告無疑是現在社群行銷的利器。

臉書廣告最大的優勢，就是可以非常精準的選擇店家想要廣告的對象，讓你的品牌觸及到更多可能對你的內容有興趣的用戶。雖然臉書廣告受眾相當複雜，不過可以鎖定特定用戶（興趣、訪客、粉絲、臉書行為模式…）進行投放，廣告的種類更是五

❖ 易而善公司的臉書廣告讓業績開出長紅

花八門，不只可在專頁上發佈的貼文，也能投放企劃活動或是優惠券的活動廣告，因為越能準確抓住消費者的口味，越有可能是最後的贏家，而不是像傳統媒體任由廣告傳遞給普羅大眾，臉書廣告真正能實現最佳化的網路曝光度與接觸潛在客戶的機會。

臉書廣告投放是讓品牌在眾多網海資訊中快速被發現的方法，只要選擇好你投放廣告的對象、廣告預算、付款方式，即可開始推廣你的粉專，最大的優勢在

於目標精準度相當高，不過要讓用戶真正願意停下來觀看，甚至購買商品變得越來越不容易了，內容一定要秉持提供使用者「內容價值」為優先，而不是只是一昧地強力銷售，如果要讓廣告效益最大化，可能必須要長期購買，讓粉絲團始終維持在一定的活躍度。廣告其實不在於規模與費用多寡，而是在於開啟跟粉絲接觸的第一步，不過廣告投放絕對不是臉書行銷的重點，而只是一個必要的協助，重點還是在店家提供的產品與服務。

在臉書上進行廣告行銷，有免費的廣告支援，也有付費的廣告讓你擴充版圖，二者都要善加利用，除了建立口碑和商譽外，企業也可以用最少的花費得到最大的商業利益。至於費用的支付，可以選用 PayPal 或信用卡來自動付款，也可以將廣告費用預先存入帳戶，等廣告開始刊登時再一次收取廣告費。

✿ Tips

> PayPal 是全球最大的線上金流系統與跨國線上交易平台，適用於全球 203 個國家，屬於 eBay 旗下的子公司，可以讓全世界的買家與賣家自由選擇購物款項的支付方式。
>
>
>
> ✤ PayPal 是全球最大的線上金流系統

現代人滑臉書已經成了一種習慣，通常並不是每個人看到廣告都會馬上熟悉你的品牌，還是需要多多發佈貼文來獲得更多的按讚數。品牌利用不同的貼文形式來增加網站流量與討論人數，或是領取優惠券來增加門市的來客數等，這些

形式都是都是臉書所提供的免費廣告，藉由口耳相傳來推廣產品，不用成本也能獲得無限的商機，只要將產品的訊息主動貼文出去，就有曝光的機會。各位應該多加運用在商品行銷上，以達到行銷的訴求與獲利的目的。

錢滾錢的付費廣告

不斷重複，這項行銷最重要的功能就可以透過臉書廣告做到，並且還可以分眾進行重複曝光與消費提醒，在目前臉書演算法的不斷限制之下，店家想直接透過行銷獲得效益可說是大不如前，這時或許可以考慮付費廣告。在你編寫行銷貼文的過程中，總會有幾篇較特別引人注目、分享率較高，或是互動數較高的貼文，這些貼文就可以考慮投放付費的廣告，這樣可以低成本來獲得較高的互動效果。

只要是粉絲專頁的管理員、編輯、版主、廣告主，都可以透過此按鈕進行粉絲專頁的推廣

廣告計價方式

臉書廣告的計價的方式主要有 Cost-per-impression（CPM）以及 Cost-per-click（CPC）兩種廣告方式。從字義來看，CPM 是以顯示曝光的次數來做收費的，CPC 的廣告則類似 Google AdWords 廣告，以被點擊的次數來計費。無論是上述哪一種方式，即使 Facebook 採取隨機播放的廣告方式，廣告主可針對行銷的目標選擇合適的廣告計價方式，但臉書還是會自行判斷要對哪些特定使用者族群播放廣告。

🔘 Tips

播放數收費（Cost per Impression, CPM）：傳統媒體多採用這種計價方式，是以廣告總共播放幾次來收取費用，通常對廣告店家較不利，不過由於手機播放較容易吸引用戶的注意，仍然有些行動廣告是使用這種方式。

點擊數收費（Cost Per Click, CPC）：是一種按點擊數付費廣告方式，是指搜尋引擎的付費競價排名廣告推廣形式，就是按照點擊次數計費，不管廣告曝光量多少，沒人點擊就不用付錢。例如關鍵字廣告一般採用這種定價模式，不過這種方式比較容易作弊，經常導致廣告店家利益受損。

廣告版面位置

廣告出現的位置主要有兩個地方，一個是顯示在動態消息區，一個是顯示在臉書右側的欄位，如下圖所示，也就是各位在瀏覽臉書時，不經意地就會看到的各種廣告內容。

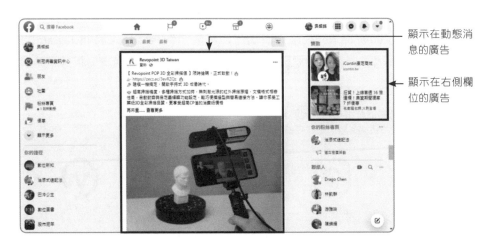

顯示在動態消息的廣告

顯示在右側欄位的廣告

除了在桌上型電腦上看到廣告外，臉書也可以精準瞄準行動裝置的用戶來投放廣告。廣告主可以針對年齡、性別、興趣等條件篩選主要廣告的對象，精確找出你的目標受眾。如下所示便是手機上所看到的廣告內容。

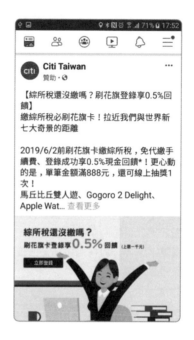

此外，店家所建立的臉書廣告還可以同時投放到 Instagram、Audience Network、Messenger 等廣告版位。每種廣告版位可支援的格式略有不同，例如臉書廣告可支援的格式包括影片、相片、輪播、輕影片等，甚至還有全螢幕互動廣告，但僅限定在行動裝置上。Instagram 廣告支援影片、相片、輪播、限時動態，至於 Audience Network 是將廣告範圍延伸到 Facebook 和 Instagram 之外，它只支援相片、影片、輪播三種格式，Messenger 廣告則僅支援相片和輪播廣告。

臉書提供完善的應用程式與服務陣容，讓商家和用戶透過各種方式建立聯繫

💬 付費推廣粉絲專頁 / 網站 / 應用程式

利用臉書刊登廣告時,你有多種的選擇方式可以來推廣你的粉絲專頁、網站或應用程式。各位可以在粉絲專頁的左下方看到一個「推廣」鈕,這個按鈕代表你有刊登廣告的權限。

只要是粉絲專頁的管理員、編輯、版主、廣告主,都可以透過此按鈕進行粉絲專頁的推廣,裡面提供各種目標設定可以拓展事業版圖

按下「推廣」鈕後會看到如圖的視窗,這裡面提供如下各種目標可以拓展你的事業版圖:

- 開始使用自動化廣告：這是引導式的廣告刊登，廣告主必須先回答一些有關你企業商家的問題後，Facebook 就會建議適合你的目標和預算來自訂廣告企劃案。當你的廣告刊登一段時間後，系統會自動以取得最佳成果為目標，不但能幫你節省時間，也可以協助你獲得更好的行銷成果。

- 吸引更多網站訪客：建立廣告，帶動用戶前往你的網站。廣告中可使用單一圖像、粉絲頁中的一段影片、輪播的多張圖像、或是以 10 張圖像製作而成的輕影片。使用的圖片建議使用 1200 x 628 像素的圖像較為恰當。

- 加強推廣貼文：吸取更多用戶查看你的專頁貼文與貼文互動。進入視窗後可以選擇要加強推廣的貼文。

- 加強推廣 Instagram 貼文：選擇要加強推廣的貼文，即可在 Instagram 社群進行推廣。

- 推廣應用程式：吸引更多用戶安裝你的應用程式。進入視窗後可上傳應用程式，讓用可以從 Google Play 或 iTunes 等應用程式商店下載你的應用程式。

- 推廣粉絲專頁：透過你的粉絲專頁聯繫更多人。視窗中可設定你的廣告創意、廣告受眾、預算和期間、付款貨幣等資訊。設定完成按下「推廣」鈕即可進行推廣。

- 獲得更多潛在顧客：建立廣告，向潛在顧客要求聯絡資訊。使用表單方式來收集顧客的資料，並可以設定你希望收集的是那些資料，諸如：Email、電話號碼、全名、工作、出生日期、公司名等，也可以使用自訂表單簡答題來求額外的資訊。

- 吸引更多用戶傳送訊息：可以設定廣告創意、特殊廣告類別、誰會看到你的廣告？、時間長度等資訊。

點選上述八種目標中的任何一種，就會個別進入不同的畫面，讓廣告主進行廣告創意、廣告受眾、預算和期間、付款貨幣等設定。在進行設定的過程中，臉書也會自動判斷，如果廣告中的文字比例較高，系統無法有效運用預算而導致觸及人數減少時，也會顯示警告視窗來提醒你注意喔！

> **您 廣告 的觸及率可能偏低**
> 若圖像的文字比例較高，系統將無法有效運用預算，進而導致觸及人數減少。
> 如果您認為圖像遭到系統誤判，可以要求人工審查。
> ⬤ **Request Manual Review**

刊登「加強推廣貼文」

許多店家貨品牌都知道,臉書上會有很多殭屍粉絲,就是那些只會按讚也不會跟你互動,這時就算按讚數衝高,也不一定抓得到潛在客群。因此品牌或店家應該做的,就是針對貼文去投放廣告。在每個貼文的下方,各位會看到藍色的「加強推廣貼文」按鈕,或是從洞察報告中,每個貼文後方都有「加強推廣貼文」鈕,當你想將粉絲專頁中已張貼過的超人氣貼文做成廣告,就可以按下該鈕進行付費的刊登,由於洞察報告中可以清楚查看出哪些貼文的觸及人數高、參與互動人數多,由此精選貼文進行付費刊登,省時、省事、效果又好。

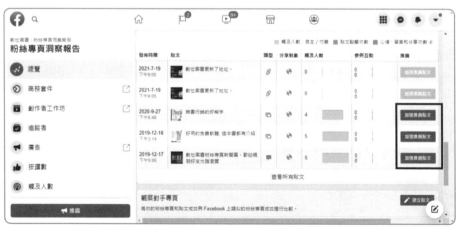

當各位按下「加強推廣貼文」鈕後,將會顯示如下視窗,左側可以設定此加強推廣貼文的目標、按鈕、歡迎訊息、特殊廣告類別、廣告受眾、時間長度、總預算。右側可以看到這一則貼文各種平台廣告預覽的效果。

其中「目標」是你希望藉由這則廣告獲得什麼成果？預設為「自動」，這個選項是由 Facebook 根據你的設定選擇最相關的目標。如果想要變更這個廣告的目標設定，可以按下「目標」區塊的「變更」鈕，並於下圖視窗中依據自身的廣告目標變更設定。

「按鈕」也會顯示在你粉絲專頁的原始貼文上。你加強推廣該貼文後，將無法移除或變更此按鈕。可以設定的「按鈕」選項如下：

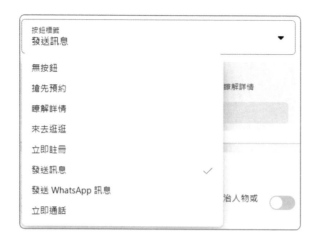

而「歡迎訊息」則是設定用戶點擊你廣告之後在 Messenger 看到的歡迎體驗。
如果想修改成自己適用的歡迎訊息，只要按下「編輯歡迎訊息」鈕，就會進入
如下圖的視窗：

至於在廣告受眾方面，點選廣告受眾詳情後方的「編輯」鈕，即可編輯目標受
眾的性別、年齡、地點等資訊。如要排除特定用戶，可設定排除其中一個條件
的用戶。

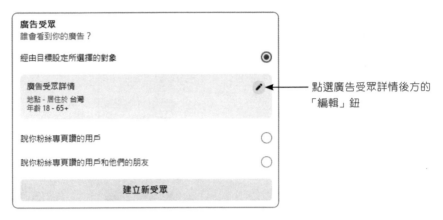

點選廣告受眾詳情後方的
「編輯」鈕

提供各種廣告受眾的設定內容

在預算和期間部分，廣告主可以設定廣告總預算、廣告的時間長度或廣告刊登的截止日。至於付款部分可指定要支付的幣值，付款可使用信用卡、PayPal 或臉書的廣告抵用券，設定完成後按下「立即推廣」鈕完成廣告訂單，即可進行廣告的推廣活動。

臉書廣告費用並不是固定的，但是廣告預算是完全可控制，填寫廣告總預算可避免花費超支的情況

▶ 關於臉書廣告的實用密技

前面介紹了廣告計價方式、廣告版面位置、付費推廣粉絲專頁及如何刊登「加強推廣貼文」等基礎重點，這一小節則整理了一些臉書廣告的實用密技，包括常用廣告規格與用途、廣告效用無法發揮的地雷區、增強臉書廣告效益的祕訣，以及廣告中加入免責聲明等，請各位接著看以下的介紹。

● 實用密技 1－臉書常用廣告規格與用途

臉書的廣告格式包含圖像廣告、影片廣告、精選集廣告、輪播廣告、輕影片、全螢幕互動廣告等，每種廣告的規格與用途皆不同，下面列出供各位參考：

圖像廣告

- 廣告用途：圖像廣告是透過優質圖片來吸引用戶前往指定的網站或應用程式。
- 廣告規格：檔案類型為 jpg 或 png，高解析度圖像，建議至少 1200 x 628 像素，圖像中文字比例若超過 20% 會減少投遞次數，圖像長寬比為 9:16 或 16:9。

影片廣告

- 廣告用途：影片廣告是以音效及動態展示產品特色，以吸引用戶目光。

- 廣告規格：建議採用 H.264 壓縮格式、固定影格速率、漸進式掃描和傳輸率為 128kbps 以上的立體聲。檔案以 4 GB 為上限，長度上限為 240 分鐘，最好加入字幕與音效，影片長寬比為 9:16 或 16:9。

精選集廣告

- 廣告用途：針對個別用戶顯示產品目錄中的商品，目的在刺激顧客的購買慾望。這種視覺化的廣告容易打動消費者，以美觀的排版讓用戶一次瀏覽多達 50 件的商品，提升了用戶發現和購買商品的機率，而用戶輕觸廣告後即可開啟沉浸式的購物體驗。如果用戶對某件商品有興趣，即可輕觸前往商家網站了解更多資訊或下單購買。
- 廣告規格：通常包含一張封面圖像或一段影片，之後接著顯示數張產品圖像。當用戶點選時，便會連結至全螢幕的互動廣告，廣告主可運用全螢幕互動體驗來吸引顧客，使產生興趣或進一步提高購買意願。

輪播廣告

- 廣告用途：可展示 10 張以內的圖卡，每張圖卡可置入圖像或影片，並可獨立設定一個連結，讓廣告主在單一廣告中享有多種的發揮空間。
- 廣告規格：圖卡數量的下限為 2 張，使用的圖片可採 jpg 或 png 格式，而影片格式則建議採用 mp4 或 mov 格式，另外手機影片、Windows Media 影片 avi、dv、mov、mpeg、wmv、Flash 影片…等各種影片格式，臉書都可支援。影片檔限制在 4 GB 以內，圖片上限則為 30 MB，長寬比為 1:1，至少 1080 x 1080 像素。

輕影片

- 廣告用途：結合動態、音效、文字，以敘事手法呈現品牌故事。
- 廣告規格：規格同「影片廣告」。

全螢幕互動廣告

- 廣告用途：此類廣告是針對行動裝置而設計的廣告，讓用戶從你的廣告中迅速獲得全螢幕的體驗。

◉ 實用密技 2－臉書廣告投放的地雷區

很多廣告主在臉書裡投放各種的廣告，一開始對於臉書廣告總有著不切實際的期望，事後往往總覺得廣告效果不好，預算像石沉大海一般，肉包子打狗有去無回。事實上，廣告效用無法發揮的地雷區主要有如下 3 種：

商品不佳，品牌聲譽不好

各位絕對要相信現在的消費者都是冰雪聰明，一個乏人問津的產品是廣告最大的敗筆，廣告主卻想透過廣告來創造銷售業績，那等於是天方夜譚。商品誇大宣傳、有瑕疵無法退換、客服溝通不良…等，這些都是與商家有關的問題，如果商品無法滿足消費者的需求，就算消費者被騙一次，下回也不會再上當，或是在廣告下方或粉絲頁上留下負面的評語，也會讓其他買家為之卻步。

廣告圖文粗糙

圖文是廣告最好的門面，畫面吸引目光，文字引動好奇心，進而讓廣告受眾想進去點閱，那麼廣告就成功一半。如果廣告受眾對廣告沒有任何反應，也不會去做點擊的動作，廣告自然不會有好結果。

選擇正確的廣告目標、類型、價格與受眾

臉書提供多樣化的廣告方式，如果廣告目標是銷售商品，那麼最理想的方式是選擇轉換次數，如果想增加網站流量，就適合選擇連結的點擊。不同的廣告目標有不同的投放方式，廣告主必須先釐訂清楚自己的廣告目的，才能選擇合適的廣告類型。廣告價格在預設是採用自動出價方式，有些廣告主會採用手動方式來控制成本，廣告預算過低時受眾觸及範圍過少，廣告預算過高則增加成本而降低利潤。至於受眾對象錯誤則白費心機，所以無論受眾的年齡、地區、興趣等，都必須考量進去。

◉ 實用密技 3－增強臉書廣告效益的四大祕訣

很多企業主花大筆錢製作品質佳的視訊廣告，雖然臉書行銷在初期時可以達到不錯的效果，但是一段時間後可能就會出現廣告疲乏的現象，即使廣告主再投入更多的廣告資金，往往只有廣告成本增加，卻難達獲利的目的。

有鑑於此，這裡提供幾個秘訣供各位參考，讓各位能以較低的廣告成本獲得最大的廣告效益。

調整廣告圖像與文案內容

圖像是廣告中最令人印象深刻的元素，變更廣告中的部分圖像，可以快速變化出多種的廣告版本，這樣就不必重新改寫文案，也能保持廣告的新鮮度。調整臉書廣告中的圖像方式有很多種，像是：變更背景色彩、替換其他產品素材、單一畫面變成多張圖片、圖片加框／加效果、圖像的重新排列組合、增加優惠訊息或節慶促銷專案…等，只要稍加修改就能讓用戶們有不同的感受。

✤ 變更部分元素就能以最低成本獲得多樣的廣告版本

另外，文案廣告也是不可或缺的元素，試著變更文字標題、採用不同角度闡述商品或主張、強化重點文字…等，都可以在不增加太多的廣告製作費用下，獲得多種的廣告版本。

多種廣告版本輪番上陣

當各位在不增加太多廣告製作費下取得多個廣告版本後，就可以依序將廣告針對有效的用戶進行投放，如果發現廣告效果開始下滑時，就讓其他的廣告上陣。已播放過的廣告，經過一段時間也可以再次廣告，因為廣告受眾可以已經忘記廣告內容，或是配合節慶再次推出，往往有意想不到的效果。

變更廣告受眾

廣告疲乏的原因往往是企業主重複投放相同的廣告受眾，當用戶每次都看相同的廣告，就算產品回購率再高，也很難引發他們再次點閱。所以當企業主發現廣告效果有下滑的趨勢，最好變更廣告受眾用戶，找尋其他具有類似特徵的用戶來投遞廣告。

變換廣告版位

臉書廣告提供各種的廣告版位,在相同的預算之內,不妨改用其他的廣告版位,這樣有可能吸引到不同的受眾群體。而且相同的廣告放置在不同的版位上,其顯示的效果也有所不同,比較不會有被轟炸或廣告疲乏的現象。

⬤ 實用密技 4 –哪些廣告必須加入免責聲明

買廣告時,有些類型的廣告必須有免責聲明,也就是會採用實名制的方式來進行,例如社會議題、選舉或政治相關的廣告。所以想刊登和社會議題、選舉或政治相關廣告的廣告主,就必須完成授權程序才可以刊登,並在廣告中附上「出資者」免責聲明,這樣做的目的是避免爭議過大。

各位可以設想一種情況,如果臉書官方單位收到某一則廣告沒有附上免責聲明的檢舉,而該則廣告是屬於必須加入免責聲明的廣告類型(例如是由某一政黨或是某種選舉的候選人所刊登的廣告),這種情況下就必須先行完成授權程序,並且必須將該支廣告標示為「社會議題、選舉或政治相關」,有了這些具體作為之後,才可以再下新的廣告訂單。

另外要取得廣告授權程序之前,有幾個條件必須符合,例如:您必須是粉絲專頁的管理員或廣告主,而且必須將 Facebook 帳號啟用雙重驗證功能,同時還必須提供由台灣核發且仍在效期內的最新證件。一般而言,廣告審查會在 48 小時內審查文件,免責聲明則會於 24 小時內。至於社會議題、選舉或政治相關廣告的審查作業最多可能會花費 72 小時。

底下為刊登社會議題、選舉或政治相關廣告通過授權的四個基本步驟:

* 確認身分
* 連結廣告帳號
* 管理免責聲明
* 授權 Instagram 帳號

關於這些步驟的實作細節,建議可以參考 Facebook 官方的線上說明文件:「通過授權以刊登社會議題、選舉或政治相關廣告」。

https://zh-tw.facebook.com/business/help/208949576550051?id=288762101909005

認識廣告管理員

Facebook 提供了一種建立與管理廣告非常實用的工具稱為廣告管理員,廣告管理員應用程式可以幫助你掌握廣告表現成效,主要的功能包括例如檢視、變更所有 Facebook 行銷活動、廣告組合和廣告,並查看相關成果。當進入 Facebook「廣告管理員」之後就可以建立廣告、管理廣告素材及查看廣告的相關成效。另外,我們也可以一次管理多則廣告,例如在廣告管理員中編輯多則廣告的設定,或是複製廣告以建立副本。除了建立廣告行銷活動及一次管理多則廣告外,您還可以在廣告管理員的廣告分析報告功能,查看廣告成效。

按此可以進入
Facebook 廣
告管理員

接下來將會從認識 Facebook 廣告的架構開始談起,有了這些基礎知識後,接著就會來介紹如何使用廣告管理員來建立廣告。另外為了幫助你可以隨時隨地掌握廣告的投放的成效,即時提高工作效率,您也可以下載 Android 版和 iOS 版的行動廣告管理員應用程式,這些內容都是本單元的介紹重點。

◯ 認識 Facebook 廣告的架構

Facebook 廣告的架構必須具備 3 個部分:行銷活動層級、廣告組合層級和廣告層級。

行銷活動層級

「行銷活動」由一系列的「廣告組合」和「廣告」所組成,您可以在「行銷活動」層級設定單一的業務目標,也就是廣告的目的。這個目標有可能是提高粉絲專頁的按讚次數、提升應用程式安裝次數、增強品牌知名度、目錄銷售、開發潛在顧客。

廣告組合層級

「廣告組合」層級是位於「行銷活動」層級之內,這個層級主要是為您的目標設定策略,您可以在「廣告組合」層級設置的選項包括目標觀眾、廣告預算、投放廣告的排程安排…等參數。

廣告層級

「廣告」層級是位於「廣告組合」層級之內，在「廣告」層級中可以運用創意去呈現想在 Facebook 廣告的視覺效果內，這些設定內容包括創意文案撰寫、廣告的標題、照片、影片以及目標網址。

💬 建立「新行銷活動」

您可以依據「廣告管理員」中建立廣告的流程來逐步設計廣告。在 Facebook 廣告建立流程中，您必須先設定廣告的目標，接著還要設定廣告受眾、廣告顯示版位和廣告格式等相關資訊。

接著就來為各位説明「廣告管理員」中的廣告建立流程所需要設定及注意的相關事項。首先必須在「行銷活動」層級，選擇一個「行銷活動目標」，設定不同的行銷活動目標，則會有不同的廣告目的。例如如果設定行銷活動目標為「流量」，您的廣告將會進行最佳化，並會為您的 Facebook 或網站應用程式帶來人潮的流量。在下圖中就可以看出有哪些行銷活動目標可供選擇，例如品牌知名度、觸及人數、流量、互動、應用程式安裝、觀看影片、開發潛在顧客、發送訊息、轉換次數、目錄銷售及來店客流量。

選擇好「行銷活動目標」之後（例如上圖中選擇「品牌知名度」，則會由最有可能記得你廣告的用戶顯示廣告。），請各位再將「建立新行銷活動」這個設定頁面往下滑動，就可以看到「為行銷活動命名－選填」的設定區塊，此部份為選填內容，當完成「行銷活動目標」資料的設定工作，就可以按下「繼續」鈕。在此再次強調，在同一個「行銷活動」中的每個「廣告組合」和「廣告」共享相同的廣告目標等。

接著就會看到類似下圖的畫面，畫面中可以看到預設的「行銷活動名稱」，您也可以自行修改行銷活動的名稱。另外，如果你的廣告與社會議題、選舉或政治相關，就必須宣告廣告類別。當「建立新行銷活動」相關欄位的資訊設定完成後，請再按下「繼續」鈕。

💬 建立「廣告組合」─策略的制定

接著就會進入設定「廣告組合」層級的設定頁面，在這個頁面中可以設定的內容包括：廣告組合名稱、活用型廣告創意、預算和排程、廣告受眾、版位、最佳化與投遞等設定區塊。

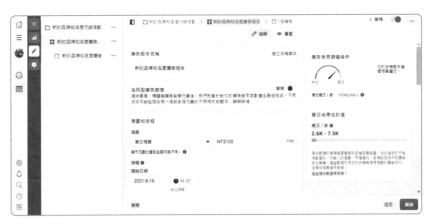

在「預算和排程」可以有「單日預算」與「總經費」兩種設定方式，在一種情況下，當廣告有機會達到更好的成果，則當日的花費就有可能超出你設定的單日預算。以下圖為例，也就是說可能會有一些天數的單日預算會超過 NT$100，但可能有幾天的單日預算會低於 NT$100，使單日預算的平均金額維持在 NT$100。除了以「單日預算」的方式來設定預算外，你也可以直接設定行銷活動總經費的金額。至於在「排程」部份，則允許各位選擇從今天起持續刊登廣告，或僅在特定日期範圍內刊登。

在「廣告受眾」主要是設定你的廣告對象，可以設定的欄位資訊包括地點、最適合的年齡層，你也可以自訂廣告受眾來觸及曾經和你的商家互動的用戶。或是只選擇男性或女性顯示廣告，若想同時鎖定男性及女性，請選擇「所有性別」。你也可以輸入語言以便向不是使用你所在地區常用語言的目標受眾顯示廣告。

而在「版位」的設定有自動版位（建議選項）及手動版位兩個選項，最後則可以設定你想要在「廣告組合」中最佳化的事件及投遞類型。

建立「廣告」

當設定好「廣告組合」相關策略資訊後，請再按下「繼續」鈕，就可以接著進入「廣告」層級的設定，「廣告」層級可以的欄位內容包括：廣告名稱、商家的身分、廣告格式、廣告創意、語言、廣告追蹤…等。其中「廣告創意」可以選擇廣告的影音素材、文字和目的地，你也可以為各個版位自訂影音素材和文字。「廣告追蹤」則是追蹤含有你廣告可能帶動的轉換的事件資料集。當建立廣告一切的設定資訊就緒後，如果你同意 Facebook 的《服務條款》和《廣告刊登原則》，就可以按下「發佈」按鈕開始刊登廣告。

下面四張圖為「廣告」層級可以設定的相關欄位名稱：

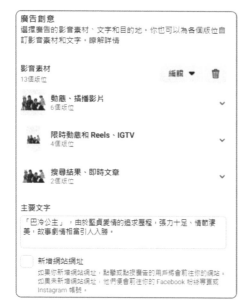

下圖則是各種不同廣告版位的預覽外觀示意圖,例如圖中可以看出在 Facebook 動態消息中廣告的預覽外觀。

🗨 行動版廣告管理員應用程式

如果偏好行動裝置體驗，您也可以下載 Android 版和 iOS 版的廣告管理員應用程式。行動版的 Facebook 廣告管理員可以讓你更機動性來刊登 Facebook 廣告，而且可以隨時隨地掌握廣告的投放的成效，有助於工作效率的提升。底下二圖分別是 Android 版和 iOS 版的廣告管理員應用程式的下載方式。請分別在 iOS App Store 或 Android 的「Play 商店」輸入「廣告管理員」關鍵字可以找到「Facebook 廣告管理員」應用程式。

✤ Android 的「Play 商店」

雖然說行動裝置版本只提供部分功能，但至少還是可以做到廣告的刊登、行銷活動的編輯及廣告成文的檢視，在檢視廣告成效時，最多可以並排高達 5 個廣告，來幫助各位互相比較。另外還可以即時接收廣告成效通知。接收每週摘要報告或操作建議，這些作法都有助於提升廣告效果。下圖就是 iOS 版本執行「Facebook 廣告」App 圖示鈕進入的「Facebook 廣告管理員」的外觀：

按下上圖中的「檢查清單」可以查看 5 項導覽讓各位立刻上手,其中包括開啟通知、個人化通知設定、查看廣告成效、編輯廣告及建立新廣告。如果各位希望為你的粉絲專頁和廣告帳號建立廣告,就可以直接按下「建立廣告」鈕,如下列二圖所示:其中左圖是檢查清單中的 5 項導覽;右圖則是建立行銷活動的頁面。

▶ Instagram 與臉書雙效行銷

從行動生活發跡的 Instagram（IG），就和時下的年輕消費者一樣，具有活潑、變化迅速的特色，如果我們想要藉由結合臉書以外的社群來擴大行銷的力道，就必須抓住各社群的特徵，特別是想要經營好以年輕族群為大宗的社群行銷，那麼一定要知道最近相當流行的 Instagram。對於行銷人員而言，需要關心 Instagram 的原因是這個社群能協助接觸潛在受眾的機會，尤其是 16-30 歲的受眾群體。

根據天下雜誌調查，Instagram 在台灣 24 歲以下的年輕用戶占 46.1%，許多年輕人幾乎每天一睜開眼就先上 Instagram，關注朋友們的最新動態，不但可以利用手機將拍攝下來的相片，透過濾鏡效果處理後變成美美的藝術相片，還可以加入心情文字，隨意塗鴉讓相片更有趣生動，然後還能直接分享到 Facebook、Twitter、Flickr、Swarm、Tumblr 或新浪微博等社群網站。

◯ 個人 FB 簡介中加入 IG 社群按鈕

在個人的 Facebook 中想要加入自己的 Instagram 社群按鈕並不困難，請在個人臉書上按下「關於」標籤，切換「聯絡和基本資料」類別，接著按下右側欄位中的「新增社交連結」連結，即可輸入個人的 IG 帳號，最後按下「儲存變更」鈕儲存設定。

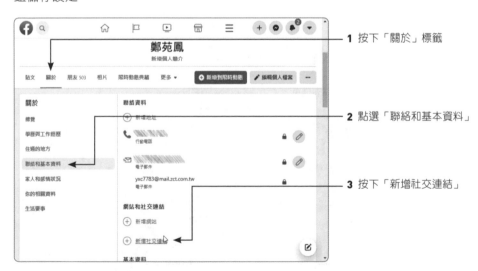

1 按下「關於」標籤

2 點選「聯絡和基本資料」

3 按下「新增社交連結」

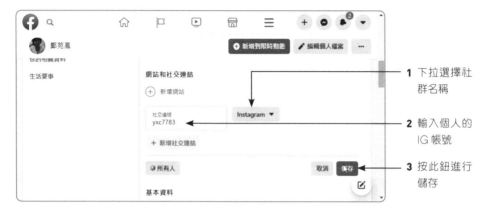

1 下拉選擇社群名稱

2 輸入個人的 IG 帳號

3 按此鈕進行儲存

完成 FB 中加入 IG 社群

將現有 IG 帳號新增到 FB 粉絲專頁中

如果你想要在 FB 的粉絲專頁中，也把 IG 帳號連結進來，首先你必須是該粉絲專頁的管理員才可以。只要是粉絲專頁的管理員，那麼可以透過以下的方式進行連結。

由粉絲專頁的左側點選「設定」

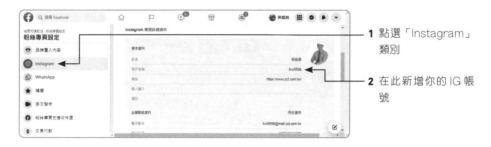

1 點選「Instagram」類別

2 在此新增你的 IG 帳號

當你輸入 Instagram 帳號並以密碼登入後，你的 IG 帳號就已經連結到你的粉絲專頁。之後只要你使用 FB 粉絲專頁建立廣告時，你的 IG 帳號裡也會顯示相同的廣告。

○ Instagram 限時動態 / 貼文分享至 Facebook

在 Instagram 發佈的貼文也能同步發佈到 Facebook、Twitter、Tumblr、Amerba、OK.ru 等社群網站，手機上只要在 Instagram 的「設定」頁面中點選「帳號」，接著再選擇「分享到其他應用程式」，就會看到左下圖的頁面，同時顯示你已設定連結或尚未連結的社群網站。如果尚未連結至 FB 社群，只要點選臉書社群後輸入帳號密碼，就能進行授權與連結的動作，這樣在做行銷推廣時，不但省時省力，也能讓更多人看到你的貼文內容。萬一不想再做連結，只要點選社群網站名稱，即可選取「取消連結」的動作。

顯示已連結至 Facebook，設定連結只要輸入臉書的帳號與密碼就可搞定

按此鈕可指定要分享的粉絲專頁或個人頁面，如右圖

由此設定自動分享的項目

當你從 IG 連結到臉書社群後,你還可以針對偏好進行設定。如左上圖所示,點選 Facebook 就會進入「分享限時動態和貼文」的頁面,如果你有多個粉絲專頁,也可以在此選擇要分享的個人檔案或粉絲專頁。開啟「自動分享」的兩個選項,就能自動將你的相片和影片分享到臉書囉!

觸及率翻倍的聊天機器人

許多店家過去為了與消費者互動,需聘請專人全天候待命服務,不僅耗費了人力成本,也無法妥善地處理龐大的客戶量與資訊。聊天機器人(Chatbot)則是目前許多店家客服的創意新玩法,背後的核心技術即是以「自然語言處理」(Natural Language Processing, NLP)為主,利用人工智慧(Artificial Intelligence, AI)電腦模擬與使用者互動對話。聊天機器人是一種自動行銷化工具,不僅可以降低人工回覆的工作,也能建立另一種溝通的管道,而且聊天機器人被使用得越多,它就有更多的學習資料庫,也能更精準地提供產品資訊與個人化的服務。這對許多粉絲專頁的經營者或是想增加客戶名單的行銷人員來說,聊天機器人就相當適用。

> **Tips**
>
> 自然語言處理(Natural Language Processing, NLP):就是讓電腦擁有理解人類語言的能力,也就是一種藉由大量的文本資料搭配音訊數據,並透過複雜的數學聲學模型(Acoustic model)及演算法來讓機器去認知、理解、分類並運用人類日常語言的技術。

人工智慧(Artificial Intelligence, AI)的概念最早是由美國科學家 John McCarthy 於 1955 年提出,目標為使電腦具有類似人類學習解決複雜問題與展現思考等能力,也就是由電腦所模擬或執行,具有類似人類智慧或思考的行為,例如推理、規畫、問題解決及學習等能力。

目前許多店家粉專都在使用 FB 聊天機器人,可以協助粉專更簡單省力做好線上客服的行銷工具,以往店家進行行銷推廣時,必須大費周章取得用戶的電子郵件,不但耗費成本,而且郵件的開信率低,而聊天機器人可以直接幫你獲取客

戶的資料,例如:姓名、性別、年齡…等臉書所允許的公開資料,這些資訊可以當作你未來傳送訊息的對象。

當商家使用 FB 聊天機器人時,聊天機器人會先連結至商家的 FB 帳戶,取得商家公開的個人檔案與電子郵件,同時會管理商家的粉絲專頁,一旦與其他用戶有了第一次的互動後,聊天機器人就可以傳送與接收臉書的訊息,而其他用戶使用 FB 聊天機器人傳送訊息給粉絲專頁的同時,其實也默認成為品牌推播的對象。

聊天機器人可以協助商家開發自動回覆訊息,而且店家也不需要寫任何一行的程式碼。例如 ManyChat、Chatfuel 等,只要使用聊天機器人來製作一些常用問題或回答按鈕,當客戶有疑慮時,點擊按鈕就能自動回覆。如果消費者在商家的臉書上留言,系統就會自動私訊回覆預設訊息,由於用戶的開信率高,而粉絲留言時立即回覆與互動,不但給予粉絲們流暢的體驗,也提高了粉絲專頁的自然觸擊率,大幅降低廣告預算。

不管你使用何種的聊天機器人程式,基本上聊天機器人都會先連接到你的粉絲專頁,因為提升粉專互動度可以有效提升觸及率,這也是每個粉專都非常需要的指標,如果你有多個粉絲專頁,也可以選擇在哪個粉絲專頁上進行運作。粉絲專頁的連結隨時可以取消,所以商家不需要擔心。下面就介紹兩款聊天機器人工具 ManyChat 和 Chatisfy 供各位參考。

🗨 聊天機器人工具－ManyChat

ManyChat 是熱門的 Facebook Messenger 聊天機器人工具之一,由於 Messenger 的使用率和點擊率都比電子郵件高出許多倍,而且 ManyChat 可以輕鬆將 Messenger 用戶轉換為訂閱者,擴展 Messenger 受眾。ManyChat 可以免費試用,所以各位不妨連接到它的官方網站(https://manychat.com)進行試用。

1 輸入官方網址 https://manychat.com

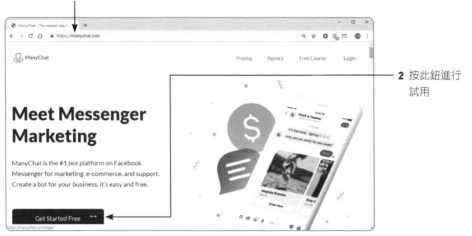

2 按此鈕進行
試用

接下來各位只要依照官網的指示登入臉書帳號、選定要連結的粉絲專頁、輸入姓名 / 密碼等資訊，就可以完成帳戶的建立。如下所示是 ManyChat 的視窗介面：

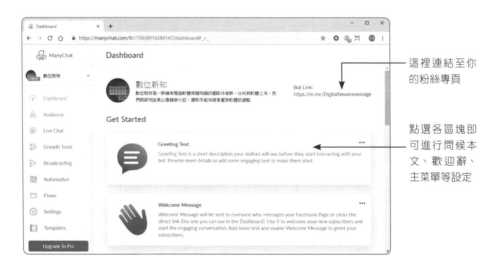

這裡連結至你的粉絲專頁

點選各區塊即可進行問候本文、歡迎辭、主菜單等設定

如果你不太習慣英文介面，也可以按右鍵在網頁上，在快顯功能表中執行「翻譯成中文（繁體）」指令，就可以將該網頁翻譯成中文。

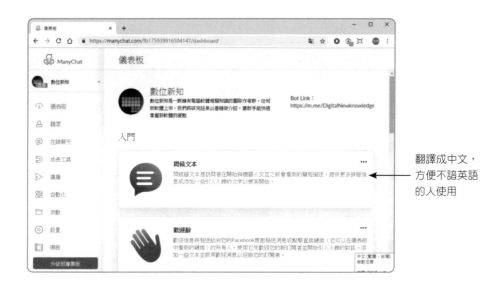

翻譯成中文，
方便不諳英語
的人使用

各位可以在「Dashboard」儀表板的類別中，針對問候本文、歡迎辭、主菜單等進行設定。以「Greeting Text」問候本文為例，這是當訪客開始與機器人互動之前所出現的簡短描述。點選該區塊後就可以進入「機器人設置」的畫面，請在區塊中輸入你要表達的文字內容，文本限制為 160 個字元，你可利用右下角的按鈕來加入表情符號，設置完成即可立即預覽效果，相當的方便。

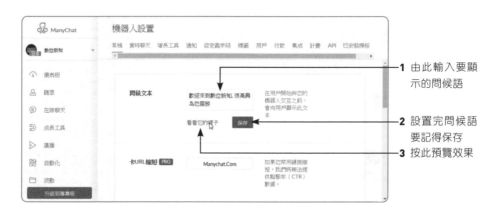

1 由此輸入要顯
　示的問候語

2 設置完問候語
　要記得保存

3 按此預覽效果

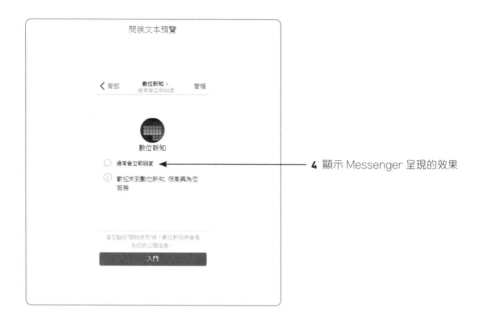

4 顯示 Messenger 呈現的效果

💬 聊天機器人工具－ Chatisfy

Chatisfy 也是許多人使用的聊天機器人工具之一，全中文介面而且簡單易操作，能整合網路開店功能，當你申請試用時，會收到 Chatisfy 寄來的電子郵件，協助新使用者管理後台、建立貼文回覆、關鍵字、新增自動客服、上架商品等，想要免費使用，可到它的官網 https://chatisfy.com/ 進行申請。

Chatisfy 官方網站，按此立即免費試用

當各位進入 Chatisfy 的管理後台後，通常會先看到如下的空白頁面，讓用戶自訂所需的機器人。

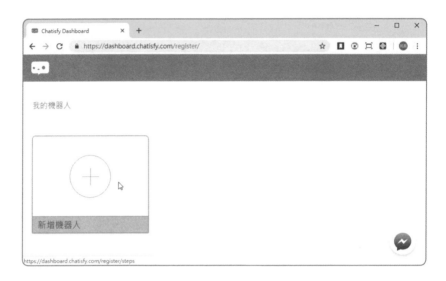

新增機器人時會經過三個步驟，包括「連接粉絲團」、「新增機器人」、「設定幣值與時區」等，如下圖所示。

完成如上設定之後，下回進入後台就可以看到你所自訂的機器人，點選即可進入機器人的編輯狀態。

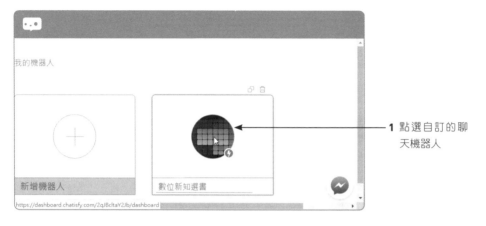

1 點選自訂的聊
天機器人

2 進入自訂的聊
天機器人視窗，
這裡提供各種
的功能按鈕

💬 自動回應訊息

店家想要讓聊天機器人可以自動回應粉絲，各位可以利用上方的「自動回應」
鈕來建立，點選之後就會看到「歡迎訊息」的視窗。

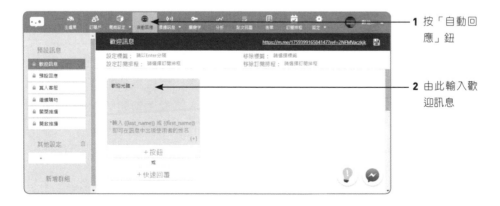

1 按「自動回
應」鈕

2 由此輸入歡
迎訊息

商家可以在方框中輸入歡迎的文字內容，如果想要加入訪客的姓名也沒問題，
按下右下角的「＋」鈕，就可將「姓氏」或「名字」加入歡迎訊息中。如果想要
提供訪客進行選項的選擇，可按下「＋按鈕」，再從新增的按鈕中輸入想要出現
的按鈕文字。

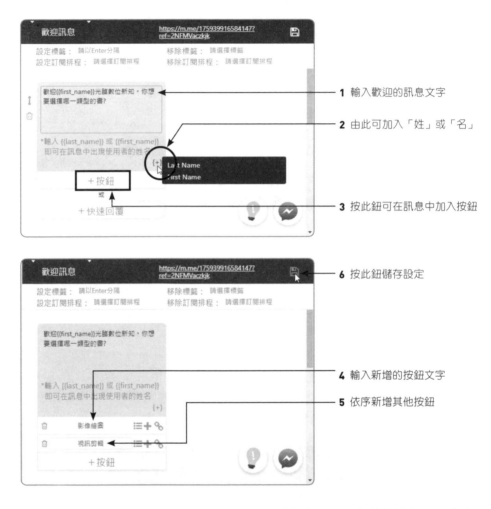

當商家建立如上的歡迎訊息，並完成儲存的動作後，一旦有其他訪客進入商家
的粉絲專頁並按下「發送訊息」鈕，聊天機器人就會自動開啟 Messenger 視
窗，只要訪客按下「開始使用」鈕，就會進入自訂的聊天機器人畫面。

2 跳出 Messenger 視窗，訪客按下「開始使用」鈕

1 訪客進入粉絲專頁，按下此鈕發送訊息給商家

顯示商家所自訂的歡迎訊息內容與按鈕

聊天機器人所能做的事情相當，而且每個聊天機器人工具所能做的功能也不相同，各位不妨多多比較和試用後，再選擇適合自己粉絲專頁的聊天機器人來使用。

07

實店業績提高術與
SEO 隱藏版必殺技

社群行銷的主要目標是讓更多的顧客知道你的商品，特別是隨著越來越多的網路流量移動到社群平台上，如何在行銷設計中，主動抓住粉絲的注意力與優化社群媒體上的創意。雖然臉書行銷的門檻較低，每個人都能自己動手操作來增加品牌或是產品的曝光度。

❖ 漢堡王與麥當勞在臉書社群行銷上做出差異化策略

隨著臉書不斷改變演算法，粉絲專頁觸及率持續下降，新的行銷工具及手法也不斷推陳出新，因此想要在臉書行銷領域嶄露頭角，除了擬定適當的策略外，紮實的基本功及掌握創新工具也是一大關鍵。成功的行銷不只要了解顧客需求與感受，行銷人員必須與時俱進的學習各種工具來符合社群行銷效益，本章中將要為各位介紹目前如何大幅提高轉換率的殺手級臉書行銷技巧。

▶ 打卡經營與地標自媒力

自從蘋果的 iPhone 手機問世以來，低頭族現象大量普及，「滑手機」已經成為現代人老中青三代的生活日常。當中所帶動的各種行為，似乎都富含濃濃的行動商機，加上臉書推出「打卡」功能後，走到哪都打卡已經成為現代人生活的一部分。近幾年來甚至出現許多新興美食小店與餐廳，只要稍具一點與眾不同的服務和用心的付出，靠著網友在臉書打卡與粉專貼文短時間累積許多好評，我相信都能為店家創造出佳績，因而成為爆紅名店。許多店家或品牌紛紛仿效推出了一些非常有創意的行銷活動，打卡服務讓店家們能夠以折扣或優惠的方式來吸引顧客並建立他們的粉絲群。

貼文中直接點選商家名稱，即可前往該店家的粉絲專頁，增加曝光機會

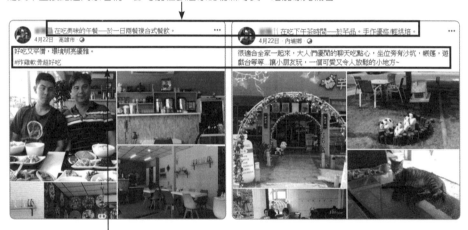

臉書上的貼文內容也是商家的活廣告，讓看到這篇貼文的網友也會想去消費

例如很多人一到達某個旅遊勝地或餐廳，第一件事就是紛紛到處熱血打卡，用以昭告親朋好友我到此一遊。店家當然不能放過這樣的好機會，很多新開幕的店家，都會透過「打卡」功能進行行銷，只要來店客戶在店內用餐打卡，就會贈送食物或是以折扣方式優惠來店顧客，再加上顧客圖文並茂的心得貼文分享，創造出屬於餐廳的美食景點，當然真正讓人難忘的情懷，更可以吸引更多慕名而來的顧客。

◯ 地標打卡

「地標」通常是指某一具有獨特的地理特色或自然景觀地形，讓遊客可以看地圖就任知所處的位置。當有人在臉書上進行打卡而新增地點，或是在個人資料中輸入任何與地址有關的資訊，這些地點資訊就會變成日後其他人的「地標」。在臉書中地標對於行銷的用途，就是可能把自己的店當成一個景點，打卡服務讓店家或品牌們能夠以折扣或優惠方式來吸引顧客，地標也可以讓店家精確的規劃您所欲提供的優惠，當打卡次數達到一定程度時，更也可以選擇要提供多少的折扣與次數，並建立屬於店家的粉絲團，訪客可以利用打卡跟他們的朋友圈說他們來過這個點，而在打卡時拍的店家照片或有趣的文字描述，不知不覺中也能為店家帶來宣傳效果。

顯示在此打卡的人數

「打卡」屬於在地化的服務，各位想要利用智慧型手機在店家進行打卡，除了可帶出打卡的名稱外，還可顯示打卡的位置。各位請在手機的臉書 App 上按下「在想些什麼？」的區塊，使進入「建立貼文」的畫面，接著點選下方的「打卡」鈕，手機會自動將你所在位置附近的各個地標顯示出來，直接由清單中點選你要打卡的地標即可。

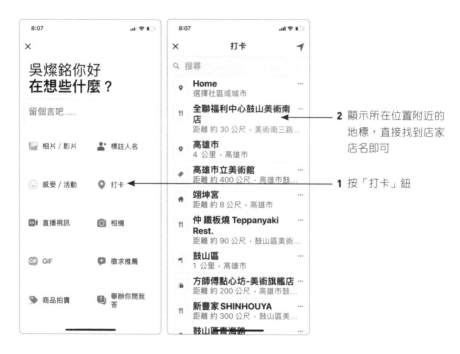

2 顯示所在位置附近的
地標，直接找到店家
店名即可

1 按「打卡」鈕

設定地點之後該地標的位置就會顯示在地圖上，各位只要輸入你的想法就可以
進行「發佈」，完成打卡的動作。

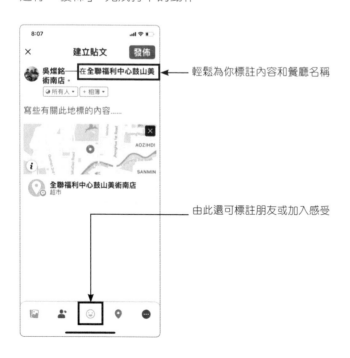

輕鬆為你標註內容和餐廳名稱

由此還可標註朋友或加入感受

當各位在某個地點進行打卡時，也可以一併將朋友標註進去，這樣就可以從訊息中直接找到相關的人，達到更方便溝通與交流的便利，如右上圖所示，按下右下角的 👥 鈕後可以顯示「標註朋友」的畫面，直接選取朋友，按下「完成」鈕，該名成員就會標註在貼文之中。

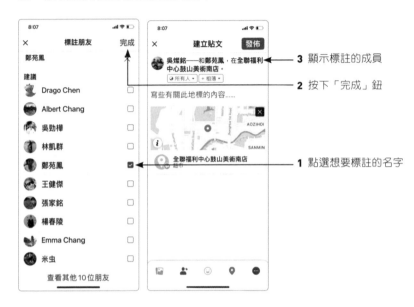

3 顯示標註的成員

2 按下「完成」鈕

1 點選想要標註的名字

在打卡同時，除了標註朋友外，也可以加入個人感受或正在從事的活動！請在畫面右下角按下 😊 鈕，再從出現的選單中選擇「感受／活動」，即可看到如下的「感受」、「活動」等標籤，選定你要的感受或活動即可加入打卡之中。

建立打卡新地標

如果店家尚未建立打卡點，我們就說明何建立新地標。目前地標的建立只能使用行動裝置來建立，請同上方式在臉書中按下「打卡」鈕，因為尚未建立打卡地標，所以顯示的清單中不會有商家的地標。請在「搜尋地標」的欄位處輸入你要建立的新地標，如我們輸入「勁樺工作室」，接著按下「新增地標」的方框。

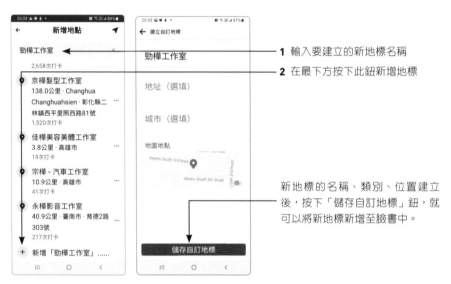

1 輸入要建立的新地標名稱
2 在最下方按下此鈕新增地標

新地標的名稱、類別、位置建立後，按下「儲存自訂地標」鈕，就可以將新地標新增至臉書中。

設定地點之後該地標的位置就會顯示在地圖上，各位只要輸入你的想法就可以進行「發佈」，完成打卡的動作。

💬 開啟粉專打卡功能

「打卡」功能不同於「按讚」功能,「按讚」是粉絲頁的預設功能,而且只能執行一次,而「打卡」功能沒有次數的限制,目的在標示自己的位置,但它並不是預設功能,這樣的打卡效果是漸進式,可以讓粉絲藉由分享不斷往外擴散。所以各位所建立的粉絲專頁,如果是營業場所、公共場地、餐館,想要開啟打卡功能,讓其他人可在該地進行打卡,那麼必須在「編輯粉絲專頁資訊」中開啟打卡地標功能。請在粉絲專頁下方切換到「關於」區塊,點按一下「輸入地點」的標籤:

接著輸入店家的地址,再勾選「顧客造訪位於此地的實體店面」的選項,若無勾選將會隱藏地址和打卡紀錄。

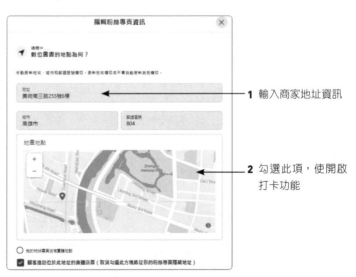

1 輸入商家地址資訊

2 勾選此項,使開啟打卡功能

雖然打卡功能很方便，但是擁有粉絲專頁的店家或品牌並不一定都需要有打卡功能，像是有些公司行號並不希望外賓參觀，或是粉絲專頁是以個人形象或品牌經營為主，並沒有實體店面的存在，就不需要有打卡功能，而多數的餐飲店面或遊樂場所則需要地標打卡來衝高人氣。

▶ 拍賣商城的開店速成捷徑

台灣人手機上網時間位居全球第一，每日平均使用 200 分鐘，而且其中使用臉書的時間約 50 分鐘左右，可見臉書上還真是處處充滿商機。拍賣商城（Marketplace）是因應臉書用戶購物拍賣的需求而產生的，不但可以張貼商品訊息或是搜尋其他商品，還可直接傳訊息與買家或賣家聯繫，未來臉書的目標不只是社群聊天分享內容的地方，更是一個巨大電子商城，能在 FB 平台直接與其他用戶進行交易，並以更直覺的方式購買的商品，直接跨足電子商務市場，希望讓用戶所有交易行為都留在臉書上，搶占社群電商的商機。

由於很多網友會經常造訪購物拍賣的社團，或是在粉絲專頁中的商店專區（Facebook Shop）進行購物，而多數網友在購物時都傾向透過私訊方式與店家進行聯繫，然後完成購買程序。臉書為了讓用戶有更直覺的方式購買商品，所以臉書推出了「拍賣商城」（Marketplace）。這是個純粹的 C2C 交易平台，能讓用戶自行上傳照片、並拍賣自己想要的商品，還可以很直觀地運用照片尋找附近的拍賣商品，拍賣商城跟以往的傳統拍賣網站不同，如果各位想成為賣家，也不需要填寫冗長的資料與商品細節，只要在臉書 App 按下 三（功能表）鈕，再下拉點選「Marketplace」🏪 選項，就會切換到 Marketplace。

Marketplace 提供各種類型的拍賣物品

Marketplace 也有商家的行銷廣告，可進行購物

🗨 輕購物的完美體驗

Marketplace 上的拍賣物品相當多元化，不論是想找嬰兒服飾的新手奶爸，或是尋找珍寶古玩的老行家，Marketplace 都能讓用戶以更簡單的方法進行買賣。各位可以直接在畫面頂端搜尋列進行商品的蒐尋，找到商品所在地點距離、品項類別、價格等排序，也可以使用手指上下滑動來瀏覽各項拍賣的商品。由於Marketplace 以直觀的方式運用照片搜尋附近拍賣的商品，各位可以直接點選圖片進入商品資訊的畫面，按下「傳送」鈕就可以知道是否還有存貨，有其他問題也可以發送訊息給賣家，相當方便。

由此輸入想要搜尋的目標物

點選商品後，可以看到賣家
地點、產品說明，或向賣家
詢問詳情

預設值會詢問商家是否還有
存貨，直接按下「傳送」鈕
傳送訊

各位針對喜歡的商品，還可以在商品下方先按下 🔖 鈕進行儲存，等到都搜尋完成後再一起瀏覽或做抉擇。

按此鈕可以先儲存該項商品

如果想要瀏覽你所儲存的項目，請在 Marketplace 上方按下「你」 👤 鈕，接著點選「我的珍藏」，即可看到所珍藏的商品項目，直接點選商品圖片即可瀏覽商品或與賣家聯繫。

💬 小資族也能輕鬆開店

商家或品牌也可以將商品放到 Marketplace 上進行販賣，特別是 Marketplace 比其他傳統的拍賣網站更簡便，都具備即拍即上架銷售的特性，商家不需要填寫一大堆資料和商品細節，只要預先將拍賣的商品拍照下來，輸入商品名稱、商品描述和價格，確認商品所在地點，同時選擇商品的類別，就可以成功將商品上架。由於 Marketplace 商品都是公開的內容，無論是否為臉書用戶皆能看到，因此透過此方式販賣商品也能增加商品的銷售業績。

如果你想透過 Marketplace 販買自家店面的商品，只要在 Marketplace 上方按下「你」 👤 鈕，在左下圖中點選「你的商品」，接著在右下圖中先按下藍色的「上架新商品」鈕，當下方的類別視窗跳出來時點選「商品」的選項，並依照商品性質選擇合適的商品類別。

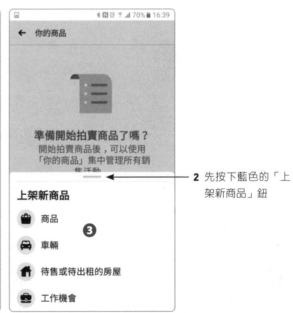

2 先按下藍色的「上架新商品」鈕

進入「新上架」的畫面後,按下上方的「新增相片」鈕將已拍攝好的相片加入,依序輸入商品的標題、價格、類別、並加入商品的說明文字。輸入完成按下「繼續」鈕將可選擇要加入的社團,設定完成按下「發佈」鈕發送出去。

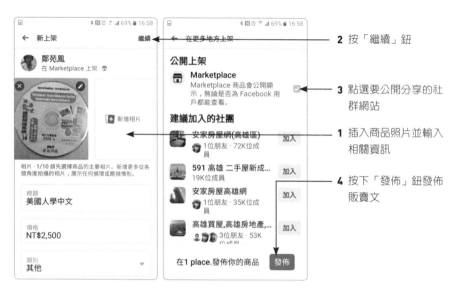

2 按「繼續」鈕

3 點選要公開分享的社群網站

1 插入商品照片並輸入相關資訊

4 按下「發佈」鈕發佈販賣文

發佈商品後你會看到所販賣你的商品,你的商品會先經過審查,通過之後就會在商品上標示為「銷售中」。如果你還有其他的商品想要拍賣,依照相同方式繼續進行銷售即可。

在 Marketplace 裡，當你決定購買物品，你可以直接傳送訊息給賣家，表達購買意願並出價，後續雙方便可討論購買細節。臉書不會干涉付款或交易流程，更不會插手運送貨物物流等，臉書僅是交易媒合的場所，簡單來說，這個功效是免費不收服務費。

🗨 商品管理小心思

在 Marketplace 上，商家要管理所拍賣的商品相當的容易，如左下圖所示，你所販賣的商品件數自動會顯示在「你的商品」之後，點選進入後會看到目前販賣中的商品，而按下「加強推廣商品」鈕可針對販售的商品進行廣告的刊登。至於「洞察報告」可讓你查看商品被瀏覽、被儲存、被分享的次數，以及是否有商務檔案追蹤者。

✤ 這裡販售的商品也可以透過分享的方式來進行免費的推廣喔！

▶ 搜尋引擎最佳化（SEO）

網站流量一直是網路行銷中相當重視的指標之一，而其中一種能夠相當有效增加流量的方法就是「搜尋引擎最佳化」（Search Engine Optimization, SEO）。根據官方統計調查，Google 搜尋結果第一頁的流量佔據了 90% 以上，第二頁則驟降至 5% 以下。搜尋引擎最佳化（SEO）也稱作搜尋引擎優化，是近年來相當熱門的網路行銷方式，就是一種讓網站在搜尋引擎中取得 SERP 排名優先方式，終極目標就是要讓網站的 SERP 排名能夠到達第一。

簡單來説，做 SEO 就是運用一系列的方法，利用網站結構調整配合內容操作，讓搜尋引擎認同你的網站內容，同時對你的網站有好的評價，就會提高網站在 SERP 內的排名。

在此輸入速記法，會發現榮欽科技出品的油漆式速記法排名在第一位

✤ SEO 優化後的搜尋排名

店家或品牌導入 SEO 不僅僅是為了提高在搜尋引擎的排名，主要是用來調整網站體質與內容，整體優化效果所帶來的流量提高及獲得商機，其重要性比排名順序高上許多。對消費者而言，SEO 是搜尋引擎的自然搜尋結果，SEO 可以自

己做，不用花錢去買，與關鍵字廣告不同，使網站排名出現在自然搜尋結果的前面，SEO 操作無法保證可以在短期內提升網站流量，必須持續長期進行，坦白說，SEO 沒有捷徑，只有不斷經營。通常點閱率與信任度也比關鍵字廣告來的高，進而讓網站的自然增加搜尋流量與增加銷售的機會。

搜尋引擎的演算法

網路上知名的三大搜尋引擎 Google、Yahoo、Bing，每一個搜尋引擎都有各自的演算法（algorithm）與不同功能，網友只要利用網路來獲得資訊，大家所得到的資訊就會更加平等，搜尋引擎經常進行演算法更新，都是為了讓使用者在進行關鍵字搜尋時，搜尋結果能夠更符合使用者目的。

✤ Bing 微軟推出的新一代搜索引擎

例如 Bing 是一款微軟公司推出的用以取代 Live Search 的搜索引擎，市場目標是與 Google 競爭，最大特色在於將搜尋結果依使用者習慣進行系統化分類，而且在搜尋結果的左側，列出與搜尋結果串連的分類。尤其對於多媒體圖片或視訊的查詢，也有其貼心獨到之處，只要使用者將滑鼠移到圖片上，圖片就會向前凸出並放大，還會顯示類似圖片的相關連結功能，而把滑鼠移到影片的畫面時，立刻會跳出影片的預告，如果喜歡再點選，轉到較大畫面播放。

✤ Google 就像是超級網路圖書館的管理員

Google 搜尋引擎平時最主要的工作就是在 Web 上爬行並且索引數千萬字的網站文件、網頁、檔案、影片、視訊與各式媒體，分別是爬行網站（crawling）與建立網站索引（index）兩大工作項目，例如 Google 的 Spider 程式與爬蟲（web crawler），會主動經由網站上的超連結爬行到另一個網站，並收集該網站上的資訊，最後將這些網頁的資料傳回 Google 伺服器。請注意！當開始搜尋時主要是搜尋之前建立與收集的索引頁面（Index Page），不是真的搜尋網站中所有內容的資料庫，而是根據頁面關鍵字與網站相關性判斷，一般來說會由上而下列出，如果資料筆數過多，則會分數頁擺放。接下來就是網頁內容做關鍵字的分類，再分析網頁的排名權重，所以當我們打入關鍵字時，就會看到針對該關鍵字所做的相關 SERP 頁面的排名。

✤ Search Console 能幫網頁檢查是否符合 Google 的演算法

然而為了避免許多網站 SEO 過度優化，搜尋演算機制一直在不斷改進升級，Google 有非常完整的演算法來偵測作弊行為，千萬不要妄想投機取巧。Google 的目的就是為了全面打擊惡意操弄 SEO 搜尋結果的作弊手法在市場上持續作怪，所以每次搜尋引擎排名規則的改變都會在網站之中引起不小的騷動。

各位想做好 SEO，就必須認識 Google 演算法，並深入了解 Google 搜尋引擎的運作原。對於網路行銷來說，SEO 就是透過利用搜索引擎的搜索規則與演算法來提高網站在 SERP 的排名順序。

▶ 臉書不能說的 SEO 技巧

由於店家官網屬於單向的傳遞資訊給客戶，主要是用來「呈現商品內容」，FB 的粉專則是可以有互動來往，大部分用來「交朋友」，幫助店家了解更多潛在客戶的訊息甚至潛移默化中轉成顧客，可以視為是公司的第二個官網。店家最好的辦法是同時建置網站與粉絲團，當店家貨品有新產品或促銷時，可以透過 FB 來曝光，進而將流量導回官網。當然如果你的品牌能一併做好官網與粉專的 SEO 優化，更容易在搜尋引擎上展露頭角，獲得更多曝光率和排名，也能讓品牌更有機會接觸到潛在客戶。

近年來相信很多小編都深深感受到 FB 觸及率開始下降了，FB 行銷似乎沒辦法像以往那麼容易帶來業績，因為社群平台並不會佛系般地主動替你帶來各種客源和流量，主要是臉書演算法機制的改變，希望大家可以轉向購買臉書的廣告來增加曝光率，導致小編們用力回了半天的貼文，也沒有得到相對的轉換率。臉書貼文除了透過不同的發文形式而產生不同觸及率，還必須善用搭配 SEO 技巧來推廣，以下我們將要介紹如何透過 FB 進行 SEO 的特殊技巧。

優化貼文才是王道

✤ Baked by Melissa 成功張貼有趣又繽紛的貼文

未來網路行銷的模式與趨勢不管如何變化發展，內容都會是 SEO 最為關鍵的一點，貼文內容不僅是粉絲專頁進行網路行銷的關鍵，而且可以說是最重要的關鍵！我們知道任何 SEO 都會回歸到「內容為王」（Content is King）的天條，切記別為了迎合點擊率而產出對用戶毫無幫助的大內宣內容，因為任何再高明的行銷技巧都無法幫助銷售爛產品一樣，如果粉專內容很差勁，SEO 能起到的作用一定是非常有限。如果文章寫得不錯，粉絲還會幫忙分享，許多留言都會優化或加強文章內容，或者你的貼文擁有良好的互動表現，還要附上官網連結或者加入行動號召紐（CAT），甚至於把最重要的 FB 貼文進行置頂，更容易引導消費者做出特定的導流行動。千萬記住！任何流量管道的經營，不管是被標籤或打卡都是增加網路聲量的好方法，SEO 上的排名肯定就會跟著上升！

> **⊘ Tips**
>
> Call-to-Action, CAT（行動號召）鈕是希望訪客去達到某些目的的行動，就是希望召喚消費者去採取某些有助消費的活動，例如故意將訪客引導至網站策劃的「到達頁面」（Landing Page），會有特別的 CAT，讓訪客參與店家企畫的活動。

⬤ 關鍵字與粉專命名

許多網站流量的來源有一部分是來自於搜尋引擎關鍵字搜尋,現代消費者在購物決策流程中,十個有十一個都會利用搜尋引擎搜尋產品相關資訊,因為每一個關鍵字的背後可能都代表一個購買動機。各位想要做好 SEO,最重的概念就是「關鍵字」,對的關鍵字會因為許多人再搜尋,一直導入正確人潮流量,在搜尋引擎上達到網路行銷的機會。所謂關鍵字(Keyword),就是與店家網站內容相關的重要名詞或片語,通常關鍵字可以反應出消費者的搜尋意圖,也是反映人群需求的一種數據,例如企業名稱、網址、商品名稱、專門技術、活動名稱等。

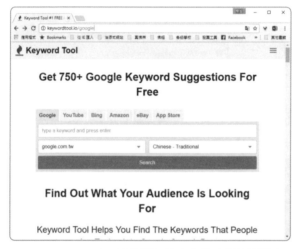

✣ Keyword Tool 工具軟體會替店家找出常用關鍵字

經營粉絲專頁最基本的手段也是 SEO 關鍵字優化,用戶一樣是可以利用關鍵字找到粉專,所以在品牌故事!粉絲專頁基本資料、提供的服務、說明或網址等,並在其中提到地址、聯絡方式,都可以置入與品牌或商品有關的關鍵字,在粉絲專頁中,這些都是對 SEO 非常有幫助的元素。每次發布 FB 貼文內容時也可以使用貼文主題相關的關鍵字或主題標籤(#hashtag)增加曝光度,讓粉絲 / 消費者更容易透過搜尋功能找到你的內容,貼文的開頭最好提到關鍵字,因為這些正是粉絲專頁能執行 SEO 的元素。

命名更是一門大學問!各位想要提高品牌粉專被搜尋到的機會,首先就要幫你的粉專取個響亮好記的用戶名稱,也能把冗長的網址變得較為精簡,方便用戶

記憶和分享，這點不但影響品牌形象，對搜索量也相當有幫助，是 FB 的關鍵字優化的最關鍵的一步。粉絲專頁的用戶名稱就是臉書專頁的短網址。當客戶搜尋不到您的粉絲頁時，輸入短網址是非常好用的方法，所以盡量簡單好輸入。

由於 FB 粉專代表著品牌形象，名稱不要太多底線、不容易辨識的字體、莫名奇妙的數字等等，尤其不要落落長取一個什麼 XX 股份有限公司，也務必要花時間好好地寫店家粉專的完整資訊，讓用戶可在最短的時間了解你這個品牌，基本資料填寫越詳細對消費者搜尋上肯定有很大的幫助，如果以網站來做對比，粉專名稱就如同 Title 標題，其他說明就好比 Meta description 描述，粉專名稱的最前方，最好適當塞入關鍵字，且符合目標受眾的搜尋直覺。

🗨 連結與分享很重要

連結（link）是整個網路架構的基礎，網站中加入相關連結（inbound links），讓訪客可以進一步連到相關網頁，達到延伸閱讀的效果。當你的網站有更多外部連結數量，對於搜尋排名是越有利的，這個道理同樣適用於粉絲專頁身上，越多人連結你的粉專，代表可信度越高，還能留住使用者繼續瀏覽粉專，減少粉專跳出率，當然也是 SEO 的加分題。搜尋引擎會評估連結的品質和數量，對於在超連結前或後的文字也是要點之一，特別是「錨點文字」（Anchor text）顯示可點擊的超連結文字或圖片，訪客只要點選超連結就可以跳到錨點所在位置，除了有助於內部的導覽，更強調了頁面的某部份，在 SEO 排名上也有相當的助益。

🗲 Tips

> 跳出率是指單頁造訪率，也就是訪客進入網站後在特定時間內（通常是 30 分鐘）只瀏覽了一個網頁就離開網站的次數百分比，這個比例數字越低越好，愈低表示你的內容抓住網友的興趣，跳出率太高多半是網頁設計不良所造成。

「反向連結」（Backlink）就是從其他網站連到你的粉專的連結，如果你的粉專擁有優質的反向連結（例如：新聞媒體、學校、大企業、政府網站），代表你的網站越多人推薦，當反向連結的網站越多、就越被搜尋引擎所重視。就像有篇文章常被其他文章引用，可以想見這篇文章本身就評價不凡，這也是網站排名因素的重要一環。

打造雲端服務與粉絲專頁的完美體驗

隨著網路技術和頻寬的發達，雲端運算（Cloud Computing）已經成為下一波電腦與網路科技的重要商機，所謂「雲端」其實就是泛指「網路」，希望以雲深不知處的意境，來表達無窮無際的網路資源，更代表了規模龐大的運算能力。與過去網路服務最大的不同就是「規模」。「雲端服務」，簡單來說，其實就是「網路運算服務」，如果將這種概念進而衍伸到利用網際網路的力量，讓使用者可以連接與取得由網路上多台遠端主機所提供的不同服務，就是「雲端服務」的基本概念。雲端服務包括許多人經常使用 Flickr、Google 等網路相簿來放照片，或者使用雲端音樂讓筆電、手機、平板來隨時點播音樂，打造自己的雲端音樂台；甚至於透過免費雲端影像處理服務，就可以輕鬆編輯相片或者做些簡單的影像處理。

✤ 只要瀏覽器就可以開啟雲端的文件

以臉書為例，用戶本身的電腦上並沒有儲存臉書資料，而是透過網路把放在遠端電腦上的資料傳送到用戶面前，它的好處就是不用下載，只要有瀏覽器，登入帳號密碼就可以看到訊息。無論在家或在外出差，只要連上網路，就能跨平台、跨地點，在很短的時間內就可以迅速取得服務，真的是非常方便，而且透過雲端分享資料，只要給分享者一個連結的網址，對方就可以存取資料，對於檔案量大的視訊檔、圖檔等的資訊分享就變得簡便許多。https://www.microsoft.com/zh-tw/microsoft-365/onedrive/online-cloud-storage

在網頁的右上方按下「登入」鈕

✤ OneDrive 雲端硬碟適用平台包括手機、平板、桌機

目前大家常用的雲端儲存服務主要是微軟的 OneDrive、Google 的 Google Drive、Dropbox…等，選用這些知名的雲端硬碟來分享檔案，比較不用擔心資料的安全性，這四個服務通常都需要先註冊該服務的帳號才能使用，但是註冊帳號是免費的。這個章節我們將針對粉絲專頁中，常用的各種檔案分享的方式跟各位做說明，舉凡 YouTube、Google、OneDrive…等，另外我們也會一併簡介一些常見且實用的雲端服務。

▶ YouTube 平台分享影片

根據 Yahoo！的最新調查顯示，平均每月有 84% 的網友瀏覽線上影音、70% 的網友表示期待看到專業製作的線上影音。YouTube 是目前設立在美國的一個全世界最大線上影音網站，也是繼 Google 之後第二大的搜尋引擎，更是影音搜尋引擎的霸主，在 YouTube 上有超過 13.2 億的使用者，每天的影片瀏覽量高達 49.5 億，使用者可透過網站、行動裝置、網誌、臉書和電子郵件來觀看分享各種五花八門的影片，全球使用者每日觀看影片總時數超過上億小時，更可以讓使用者上傳、觀看及分享影片。在這波行動裝置熱潮所引領的影片行銷需求，目前全球幾乎有一半以上 YouTube 使用者是在行動裝置上觀賞影片，已經成為現代人生活中不可或缺的重心。

YouTube 網址：
https://www.
youtube.com/

影片是一個更容易吸引用戶重視的呈現方式，現在大家都喜歡看有趣的影片，影音視覺呈現更能有效吸引大眾的目光，比起文字與圖片，透過影片的傳播，更能完整傳遞商品資訊，好的影片內容經常會被網友分享到其他的社群網站，增加品牌或商品的可見度。而影片關鍵字若設定得宜，也能讓影片快速被網友搜尋到，增加曝光機會。另外，粉絲專頁中所嵌入的影片，如果順便加入 YouTube 影片的網址，也可以讓其他人順利連結到 YouTube 去觀看影片。

📣 上傳影片至 YouTube 平台

各位為自家品牌或是商品所製作的影片，最好一併上傳到 YouTube 平台上與他人分享，只要有 Google 帳號就可以在 Youtube 網站進行登入，然後進行影片上傳的動作。

如果尚未登入 Google 帳戶，請由此進行登入

登入個人帳戶後，右側的圓圈中就會顯示你的名字或相片，請按下  鈕進行影片的上傳。

1 按此鈕

2 點選「上傳影片」指令，準備上傳影片

3 按此圖選取要上傳的檔案

由此選擇檔案是否公開

4 選取影片檔

5 按下「開啟」鈕

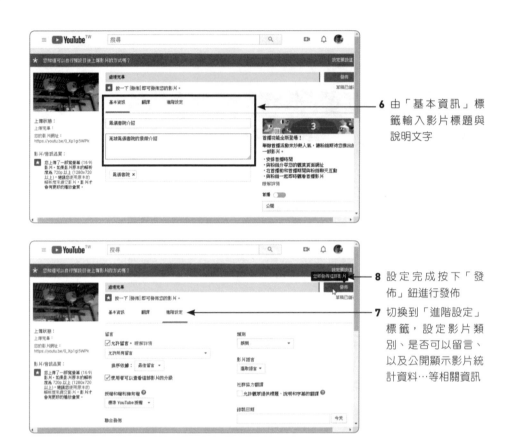

6 由「基本資訊」標
籤輸入影片標題與
說明文字

8 設定完成按下「發
佈」鈕進行發佈

7 切換到「進階設定」
標籤，設定影片類
別、是否可以留言、
以及公開顯示影片統
計資料…等相關資訊

影片發布之後，由右上角的大頭照下拉選擇「你的頻道」指令，即可看到剛剛
上傳完成的影片。各位可以將 YouTube 影片的網址複製到粉絲專頁的貼文中，
它就會在下方自動顯示影片的縮圖與文字說明，各位只要按下「發佈」鈕即可
分享影片。

👍 密技 - 製作符合行銷的影片

隨著 YouTube 等影音社群網站效應發揮，許多人利用零碎時間上網看影片，影音分享服務早已躍升為網友們最喜愛的熱門應用之一，在影音平台內容推陳出新下，更創新出許多新興的服務模式，影片最大的優勢就是突破了文字、語言和文化的隔閡，影音短片遠比其他傳播方式更能快速吸引一般大眾目光。現在是一個講求效率的時代，誰有興趣去看數十分鐘甚至一小時以上的宣傳影片，最好是長度不宜過長（**30-60** 秒為佳），這可以讓別人更快速了解影片內容所要傳遞的訊息，也能方便網友「轉寄」或「分享」給社群中的其他朋友，也可以利用連結網址的方式吸引網友的關注、點閱。

在這個所有人都缺乏耐心的時代，影片須在幾秒內就能吸睛，網友總愛說：「有圖有真相。」，影片所營造的臨場感及真實性確實更勝於文字與圖片，只要影片夠吸引人，就可能在短時間內衝出高點閱率，進而造成轟動或是新聞話題。各位不妨利用簡短影片來介紹商品特色或售後服務，讓潛在的客戶能夠更深入了解，進而支持或購買商品，並提升客戶的滿意度。也可以將舉辦的商品活動影片、商品製作過程、研修影片、使用技巧或新聞上傳到社群網站，除了活絡商品與社群粉絲的關係，也可以大幅削減客戶對產品的疑問，減少重複問題的詢問機會。影片除了在粉絲專頁、YouTube、Instagram…等各大社群網站上作宣傳外，實體店面中也可以同步以影片進行宣傳，讓影片的效應極大化。

想要在影音短片中快速且輕鬆抓住觀眾的心，影片開頭或預設畫面就要具有吸引力且主題明確。影片的品質不可太差，同時要能在影片中營造出臨場感與真實性，能夠從觀眾的角度來感同身受，這樣才能吸引觀眾的目光，在短時間裡衝出高點閱率，進而創造新聞話題或造成轟動。

💬 影片關鍵字設定技巧

YouTube 是目前全球最大的影音流量平台，當上網者有任何的影片需求，只要在搜尋列上輸入關鍵字進行搜尋，查詢的結果就會跑出完全符合或部分符合關鍵字的影片。

1 輸入關鍵字「油漆式速記法」，並按下搜尋鈕

2 顯示的搜尋結果會包含完全符合與部分符合關鍵字的影片

對於影片的基本資料，像是檔案名稱、影片標題、描述、標籤等設定，就要讓使用者看出影片內容是否合乎他們的需求。也就是說，影片標題的設定就是要讓主要的客戶群有機會點擊你的影片，或是加入使用者會搜尋的特殊關鍵字，藉由點擊率的增加來提升影片被搜尋的排名。

既然影片的描述說明都要專注在主要關鍵字上，如果你有自製的影片想要上傳到 YouTube 網站上，那麼關鍵字的設定就得多花些心思來構思，這樣才有可能符合「熱門」或「合適」的關鍵字。

各位不妨使用「Keyword Tool」這項關鍵字工具，它集結了 Google、YouTube、App Store、Amazon、Bing…等搜尋引擎上經常被搜尋的關鍵字，各位可以根據不同國家或語言選擇搜尋結果，以便提供你做影片標題或關鍵字的設定。

請在瀏覽器上輸入網址「http://keywordtool.io/」，切換到「YouTube」標籤，輸入你的影片關鍵字，後方選擇國家和語系，按下「Search」鍵後就能列出常被搜尋的關鍵字，透過這些字能告訴你多數目標客戶想要找尋的內容或問題，參考這些列出來的關鍵字來訂定你的影片標題，這樣所訂定出來的影片標題或關鍵字才能貼近客戶的需求。

1 輸入關鍵字工具的網址

2 點選「YouTube」標籤

3 輸入影片的主題文字

4 設定台灣地區和中文繁體

5 按下「Search」鍵

網頁下方立即列出常被搜尋的關鍵文字供各位參考

▶ 使用 Google 雲端硬碟分享檔案

在網路的世界中，Google 的雲端服務平台最為先進與完備，所提供的應用軟體包羅萬象，Google 雲端服務主要是以個人應用為出發點，能支援各種平台裝置的 App，統稱 Google Apps，真正實現了各位可以在任何能夠使用網路存取的地方，連接你需要的雲端運算服務。

Google 雲端硬碟（Google Drive）可讓您儲存相片、文件、試算表、簡報、繪圖、影音等各種內容，並讓您無論透過智慧型手機、平板電腦或桌機在任何地方都可以存取到雲端硬碟中的檔案。至於雲端硬碟採用 SSL（Secure Sockets Layer）安全協定，更加確保雲端硬碟資料或文件的安全性。

當各位申請 Google（帳號後面是 @gmail.com）帳戶就可以免費取得 15GB 的 Google 雲端硬碟線上儲存空間，如果覺得空間不夠大，還可以購買額外的儲存空間，而且 Google Drive 用戶可以邀請他人來檢視及下載檔案，並在檔案上進行協同作業，過程完全不需使用電子郵件附件，相當的便利。粉絲專頁中與他人分享檔案的機會相當高，像筆者就經常將報名表格、文件、視訊、音樂等放置在 Google 的雲端硬碟，粉絲們只要按下連結的網址，就可以連結到雲端進行下載，這麼好用又免費的空間，各位當然要知道它的使用技巧。

◯ 上傳檔案至 Google Drive 雲端

想要將檔案透過 Google Drive 分享給其他人，首先就是將檔案上傳。請在 Google 網站先登入個人帳號，接著由右側的圓圈下拉選擇「雲端硬碟」指令。

1 進入 Google 的個人帳戶

2 下拉選擇「雲端硬碟」

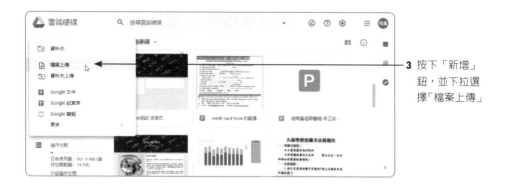

3 按下「新增」
鈕,並下拉選
擇「檔案上傳」

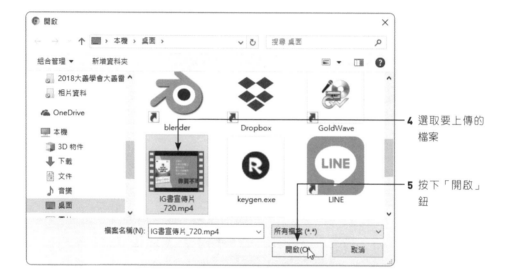

4 選取要上傳的
檔案

5 按下「開啟」
鈕

6 成功上傳檔案
至雲端硬碟

⬤ 由 Google Drive 取得分享檔案的連結網址

檔案已經備份在雲端硬碟後,當你想要分享給其他人,可在檔案圖示上按右鍵,執行「取得檔案共用連結」指令使取得共用的連結。如下所示:

1 按右鍵於檔案縮圖

2 選取「取得檔案共用連結」指令

3 顯示共用設定已開啟

接下來再到粉絲專頁上按「Ctrl」+「V」鍵使貼入網址就可搞定。當你將連結的網址發佈出去後,任何擁有此連結網址的使用者皆可存取檔案,粉絲們只要按「下載」鈕即可將你分享的檔案下載下來。

1 連結至該連結
  網址

2 按此鈕即可下
  載檔案

▶️ 使用 OneDrive 分享 Office 文件檔

OneDrive 是微軟公司所推出的網路硬碟與雲端服務，可以將各種平台的檔案、照片、影片或其它數位內容，全部集中在 OneDrive 雲端硬碟統一儲存，方便在各種平台裝置取得相同檔案，也可以達到分享檔案的目的。用戶可以上傳檔案到雲端上，並透過瀏覽器來瀏覽檔案，也可以直接編輯或觀看微軟的 Office 檔案。只要擁有 Microsoft 帳號，即可限制不同的使用者來存取檔案，如果是對所有人公開的檔案，則不需要 Microsoft 帳號即可存取。

對於免費的使用者，OneDrive 提供 5GB 的儲存空間，如果有邀請新的使用者加入，則邀請者和被邀請者都可獲得 0.5GB 的額外儲存空間。

OneDrive 還有一個特色，就是能夠在 OneDrive 中建立 Word、Excel、PowerPoint 等辦公文件，文件儲存在微軟的伺服器上，就不怕資料會弄丟，而且編輯文件時它會自動儲存，又能將文件打上標記，方便用戶管理檔案。

💬 上傳檔案至 OneDrive 雲端

要上傳檔案至 OneDrive，請輸入如下的網址，同時選擇「前往我的 OneDrive」。

1 輸入網址：https://www.microsoft.com/zh-tw/microsoft-365/onedrive/online-cloud-storage

2 按此鈕前往我的 OneDrive，使進入個人帳戶

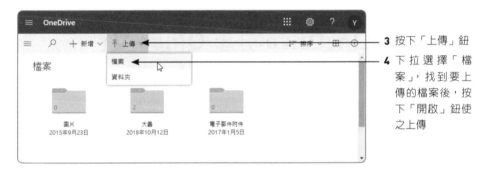

3 按下「上傳」鈕

4 下拉選擇「檔案」，找到要上傳的檔案後，按下「開啟」鈕使之上傳

經過上述步驟後，就完成檔案上傳的動作，各位可以將檔案拖曳適切的資料夾中，如需新增資料夾，請在空白處按右鍵執行「新增 / 資料夾」指令即可。

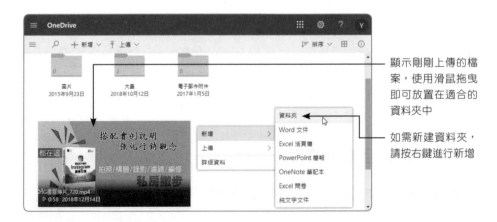

顯示剛剛上傳的檔案，使用滑鼠拖曳即可放置在適合的資料夾中

如需新建資料夾，請按右鍵進行新增

💬 由 OneDrive 取得分享檔案的連結網址

檔案上傳到 OneDrive 後，請按右鍵於欲分享的檔案上，並選擇「共用」指令，如圖示：

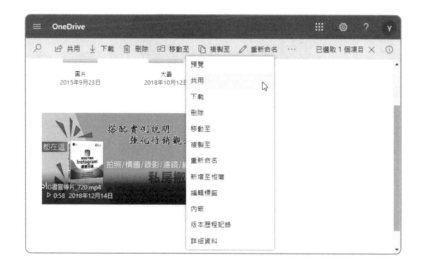

接著會看到如下的共用視窗，按下「取得連結」會在後方顯示連結的網址，請按下「複製」鈕複製該網址，再轉貼到粉絲專頁就可以搞定。

任何人取得連結網址後，利用「下載」鈕即可將檔案下載下來囉！

⏵ 其它實用的雲端服務

這個小節我們將介紹幾個較知名且實用的雲端服務，包括 Dropbox、SlideShare、

Scribd 三種雲端服務，如果各位也能了解這些雲端服務的主要特色與功能，相信在經營臉書時，也可以藉助這些雲端服務來豐富臉書內容的呈現方式及檔案管理。

● 使用 Dropbox 上傳與分享檔案

Dropbox 是 Dropbox 公司的線上儲存服務，目前提供免費和收費的服務，免費的用戶擁有 2 GB 空間，但可以邀請其他人加入而獲得額外的儲存空間。Dropbox 是一個檔案同步服務，如果電腦中有下載 Dropbox 軟體，它會幫你把放入專屬資料夾中的檔案，全部同步到 Dropbox 雲端硬碟，若是手機中也有安裝 Dropbox 軟體，那麼手機中也能即時接收所傳送的資料。

放置在 Dropbox 的檔案預設皆為非公開，除非你自願把檔案分享出去，而且它的操作相當簡單，所以各位若沒有使用過 Dropbox 來儲存和分享檔案，請連上網站：https://www.dropbox.com/。

當各位從 https://www.dropbox.com/ 登入帳戶後，對於想要分享的文件，可從
文件後方按下「共享」鈕，接著在開啟的視窗中右下角按下「建立連結」，使之
建立連結，再按下「複製連結」，就能「複製」連結至剪貼簿中，屆時回到粉絲
專頁再將連結「貼入」貼文中。

1 按「共享」鈕

◉ 使用 SlideShare 上傳與分享簡報

SlideShare 是一個簡報和文件分享的網站，用戶可以上傳自己的檔案並展示出來。該網站在 2006 年推出，後來被 LinkedIn 所收購，SlideShare 分享平台可以輕鬆分享 PowerPoint 簡報和 PDF 簡報，是全球最大簡報知識共享的平台，可支援 PPT、PPS、PDF 等格式，也可以支援 Word 和 Excel 檔案，上傳後自動轉為 Flash 格式，然後直接在網站上播放。SlideShare 也提供分享功能，也可以透過電子郵件快速與他人分享資訊。各位若是註冊並登入使用 SlideShare 後，就會發現裡面有很多資訊可以參考和學習。如果各位還沒有使用過 SlideShare，可以透過如下的網址進行申請和登入。網址：https://www.slideshare.net/login

要使用 SlideShare 必須要有 LinkedIn 的帳號與密碼才可使用，由於 SlideShare 將不再支持臉書的帳密，所以第一次申請 LinkedIn 時，必須輸入個人的姓名、電子郵件信箱、密碼、國家區域、工作職稱、公司等資料，接著透過電子信箱輸入驗證碼才算完成申請動作。

◉ 使用 Scribd 上傳與分享電子書

Scribd 是文件檔的分享平台，可以發佈和分享 Word 文件、PDF 檔案、PPT 簡報檔，目前已發展成為電子書和文件閱讀的平台。使用 Scribd 前要先進行註冊，也可以使用臉書或電子郵件的帳號。若要閱讀電子書籍的話就必須訂閱一

個月，前一個月是免費試用期，但仍需填寫個人付費資訊才能使用。註冊後就能隨心所欲地閱讀任何想要看的電子書，目前該網站有超過數千萬個文件和電子書，資源相當豐富。使用者除了在線上直接瀏覽文件外，也可以下載到電腦裡，或是利用手機閱讀程式在手機或平板電腦上閱讀。

使用手機看電子書時，要跳至上／下頁，只要輕碰螢幕的邊邊，或是向左／右滑動即可，若要跳回選單，就輕點螢幕中央即可。閱讀時還能標記重點和調整字體大小，相當平易近人。

要上傳與分享檔案至 Scribd，請輸入網址（https://zh.scribd.com/login），在如下視窗中按下第一個按鈕，即可以臉書進行登入。

登入之後，請按下右上角的「Upload」鈕，就會顯現如右下圖的畫面，請按下「Select Documents To Upload」鈕或是使用滑鼠拖曳的方式，將檔案上傳至 Scribd。

當出現檔案圖示後，輸入文件標題和描述的文字，輸入完畢按下「Done」鈕就完成檔案上傳的工作。

緊接下來各位會在欄位中看到分享的網址，將該網址「複製」並「貼入」粉絲專頁的貼文區塊中。

複製此網址並貼入粉絲專頁中

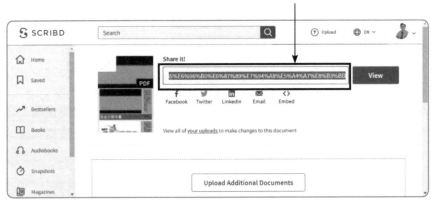

只要有該連結的網址，任何人都可以看到如下的文件內容，要下載檔案、列印文件、或是以全螢幕閱讀文件，透過右上角的三個按鈕即可辦到。

列印

下載　　　　　　　　　　　　　　　　　　全螢幕瀏覽

介紹了這麼多種的雲端服務，相信各位對於檔案如何在粉絲專頁上進行分享應
該非常熟悉。各位只要學會並善用其中的幾種雲端，相信在粉絲專頁的經營上
會更靈活。

09

最省心的臉書資安
保護錦囊

網際網路的設計目的是為了提供最自由的資訊、資料和檔案交換，不過網路交易風險確實存在很多風險，正因為網際網路的成功也超乎設計者的預期，除了帶給人們許多便利外，也同時帶來許多安全上的問題。例如消費者經常逛的拍賣網站，這股網路拍賣商機不但延燒到手機，也改變了消費者的生活型態，其中安全往往是拍賣網站的最後一道防線，若是資料庫遭入侵而導致會員個人資料外洩事件時有所聞，造成資訊隱私權（Information Privacy）的傷害，不法集團藉由掌握線上購物網站交易資料進行詐騙的事件層出不窮，所受的傷害層面就非常的大。

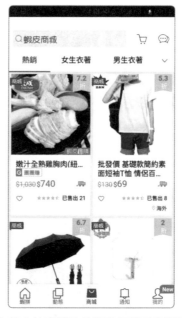

✤ 線上拍賣網站的資安保護不容遲疑

臉書先前也曾爆發個資遭不當取用的問題，惡意使用者會利用電子郵件或電話號碼來查詢用戶資料，所以臉書已將此查詢功能移除。另外臉書中發佈的私人

貼文，也可能因為自動設為「公開」，而導致所有人均可瀏覽私人貼文的情況。例如英國數據公司「劍橋分析」利用心理測驗應用程式爆出個資事件後引起軒然大波，違法獲取超過 5,000 萬名臉書使用者個資，卻被拿來作為其他商業利用，所導致的「侵害用戶隱私權」事件，臉書創辦人馬克祖克柏對也已經公開道歉，並且聲明臉書將加強資安的補救措施。對於個人資訊的保護，不僅臉書、粉絲專頁或社團管理員，都有責任保護用戶資料的隱私或是訪客資料的安全，用戶本身也要對個資保護的相關做法要有所了解，這樣才能自我保護，不讓有心人士輕易取得你的個資而進行不法行為。

▶ 保護帳號的基本功

想要保障臉書粉絲專頁的資訊安全，最重要的還是要注重個人帳號的安全，如果你也是一位臉書的重度使用者，那麼一定要知道如何保護好自己的臉書帳號，因為臉書的動態時報、社團、粉絲專頁等，都是由個人帳號來進行管理，當你的臉書有任何異樣時，都有可能影響到朋友、粉絲專頁和社團。對於詐騙手法不斷推陳出新，包括社交工程陷阱（Social Engineering）、釣魚網頁、木馬程式、惡意病毒到處充斥，要保護臉書帳號的安全，避免遭受病毒攻擊，這裡提供幾項技巧供各位做參考：

⊘ Tips

社交工程陷阱（Social Engineering）是利用大眾的疏於防範的資訊安全攻擊方式，例如利用電子郵件誘騙使用者開啟檔案、圖片、工具軟體等，從合法用戶中套取用戶系統的秘密，包括用戶名單、用戶密碼、身分證號碼或其他機密資料等。「網路釣魚」（Phishing）的目的就在於竊取消費者或公司的認證資料，主要是讓受害者自己送出個人資料，輕者導致個人資料外洩。

💬 帳號使用真實身分

幾乎人人都有的臉書帳號，就像是自己在網路上的身份證，在新增臉書帳號時，通常需要輸入姓氏、名字、手機號碼或電子郵件、密碼、生日、性別等資訊。當你無法登入臉書帳號時，臉書可以透過電子郵件或手機號碼向你取得個

人資料，並確認輸入的帳號為你所擁有，這樣帳號才不會被鎖住，如果可以的話，最好能替社群媒體帳號建立專用的新電子郵件地址。

新增臉書帳號必填的資料

養成良好的密碼設定原則

✤ 設定密碼時必須非常小心

請替你的每個社群媒體帳號設定不同的密碼，確保每個密碼都足夠複雜而不過於簡單。在設定帳號密碼時，最好能夠設定八個以上的英文大小寫、數字、標點符號混合的組合，因為有些粗心的使用者，總會將密碼設定的太過簡單，例如：與帳號名稱相同、用生日或電話號碼當密碼、使用有意義的英文單字之類的密碼，因此入侵者就可以透過一些密碼破解工具，輕鬆地將密碼破解，建議各位依照下列幾項原則來建立：

1. 密碼長度儘量大於 8 位數。
2. 最好是英數字夾雜，以增加破解時的難度。
3. 不定期要更換密碼。
4. 密碼千萬不要與帳號相同。
5. 儘量避免使用有意義的英文單字做為密碼。

勿與他人分享個人資料

網路社群的最大特性是分享交流，在社群網站上分享內容已經是家常便飯，社群媒體已經迅速地取代了電子郵件成為這一世代用來聯絡與交流的首選。不過對於自己的帳號密碼等資料，最好不要透漏給他人知道，個人公開資料也應避免填寫太多，也盡量避免在每個網站服務上，如：Google、Yahoo、Facebook 等採用相同的帳號密碼。請注意！盡量少在公用電腦中登入個人帳戶，如果在外因故需要使用他人電腦登入臉書帳號後，也要記得做「登出」的動作，以免下一個使用者可以輕鬆進入你的臉書。

很多犯罪集團經常會建立類似臉書登入的頁面讓你進行登入的釣魚頁面，讓你卸下心防而輕易取得你的登入資料，千萬不要把出生日期、地址和電話號碼等信息放在個人資料。若是網頁上聲稱用戶的帳號遭盜用而需重新輸入帳號密碼時，務必確認所連結的網址為 facebook.com，或是在瀏覽器上重新輸入 facebook.com 後再進行瀏覽，避免踏入犯罪集團所設定的圈套之中。

不接受陌生人交友邀請

由於 Facebook 的交友方式就是透過社群的不斷串連，讓朋友間的連接不斷擴大，因此在臉書中經常遇到假冒身分的帳號，尤其是放上正妹 / 帥哥大頭貼的帳號，然後隨意把你加入沒用的社團，所以對於不認識的人，如果傳送交友邀請給你最好不要隨便接受。很多詐騙份子經常建立假帳號，加你為好友。一旦你與詐騙者成為好友，會允許他們在你的動態時報上散佈垃圾訊息、在貼文中標註你，也可能傳送惡意訊息給你。

● 新增帳號備用信箱或手機號碼

當使用者因故無法登入臉書的帳號時，臉書可以重新發送密碼到你所登錄的電子郵件信箱和備用信箱中，所以在臉書中新增常用的電子信箱或備用信箱是有必要，另外也可以新增手機號碼到臉書中。要設定備用信箱或手機號碼，請由臉書右上角按下 ▾ 鈕，並下拉選擇「設定和隱私 / 設定」指令，由左側切換到「一般」類別，即可看到如下的畫面：

1 點選「一般」

2 由「聯絡資料」後方按下「編輯」鈕

3 由此設定備用信箱

按下「新增其他電子郵件地址或手機號碼」的連結，並輸入備用的電子郵件信箱後，臉書會自動發送一份電子郵件到你新設定的信箱中，已確認電子郵件的有效性，收到信件後按下「確認」鈕回覆，即可完成備用信箱的設定。

按此可以將此郵件地址設定為主要電子郵件地址

● 設定登入通知功能

臉書對於用戶的帳號安全也有額外安全措施,如果任何人從你平常不同的裝置或瀏覽器上想要登入你的帳號,可以讓臉書主動通知你,這樣對於帳號的防護就可增加一層功用,甚至可以阻止持有密碼的人存取你的帳戶。請由臉書右上角按下 ▼ 鈕,下拉選擇「設定和隱私 / 設定」指令,由左側切換到「帳號安全和登入」類別,接著下移畫面到「設定額外的安全措施」,即可按下「編輯」鈕編輯「接收不明登入的警告」。

如果你希望臉書主動通知你,請點選「接收通知」,並選擇以 Messenger 或電子郵件接收通知,儲存變更並輸入密碼提交後,設定才算完成。

帳號有無異常活動

臉書不僅是個和好友建立關係的活動平台,更重要的是臉書對於用戶的所有執行動作臉書都幫你紀錄的清清楚楚,你隨時都可以查看,活動記錄包括您的所有動態紀錄,並根據在臉書上的發生日期排列。由臉書封面的右側按下「活動紀錄」鈕,就可以看到各位的近況、按讚、留言、貼文紀錄、以及其他功能的操作。

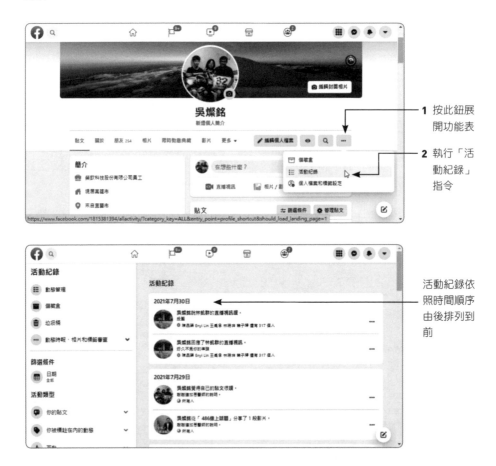

1 按此鈕展開功能能表

2 執行「活動紀錄」指令

活動紀錄依照時間順序由後排列到前

經常查看自己的活動紀錄,如果發現某個時間你根本不在臉書,卻冒出很多不是你做過的事,就表示有人登入過你的臉書,如果發現異常時,就要立即變更臉書密碼。這裡還提醒大家一件事,離開臉書時記得一定要登出,不然所有在臉書上的活動紀錄和秘密很容易就被其他人看光光。

👍 密技 - 變更臉書新密碼

當你發現臉書的「活動紀錄」有異常的狀況，想要更換臉書密碼，可由臉書右上角按下 ▾ 鈕，下拉選擇「設定和隱私 / 設定」指令，切換到「帳號安全和登入」類別，在「更改密碼」後方按下「編輯」鈕，即可進行新密碼的設定。

▶ 資安防護的教戰守則

世界上沒有 100% 安全的資安防護方式，保密性是資安防護中最重要的屬性，就是用來保護你的資料，在社群中不管是個人帳號、粉絲團經營等，三不五時都會傳出病毒攻擊，帳號被駭客盜用的事件，隨著個資外洩案不斷傳出，搞的社會大眾人心惶惶，用戶可以做的就只是盡量提高帳號被入侵的困難度。這裡提供幾個資安防護的錦囊妙計，讓各位在臉書上達到資訊安全（Information Security）的使用保障。

⊘ Tips

> 資訊安全（Information Security）的基本目標就是在達到資料被保護的三種特性（CIA）：機密性（Confidentiality）、完整性（Integrity）、可用性（Availability），進而達到不可否認性（Non-repudiation）、身份認證（Authentication）與存取權限控制（Authority）等安全性目的。

💬 不點選來路不明的連結

臉書貼文中經常會分享相片、影片，有的會以電子郵件附件的方式分享訊息，然而臉書 Messenger 也曾傳出有人冒用好友的大頭貼，透過 Messenger 傳送惡意廣告程式散佈的影片連結，像是帶有 goo.gl、bit.ly、t.cn 等文字的短網址影片連結，經常讓用戶在毫無察覺的情況下中標，只要用戶點擊連結，就能竊取用戶的帳號密碼。

🔵 Tips

跨網站腳本攻擊（Cross-Site Scripting, XSS）是當網站讀取時，執行攻擊者提供的程式碼，例如製造一個惡意的 URL 連結（該網站本身具有 XSS 弱點），當使用者端的瀏覽器執行時，可用來竊取用戶的 cookie，或者後門開啟或是密碼與個人資料之竊取，甚至於冒用使用者的身份。

有些人點選假冒的影片連結後，則被誘使到使用者預設的瀏覽器中去下載支援播放該影片的軟體執行檔，以此方式植入惡意廣告程式。有的連結在點取後會引導使用者去下載瀏覽器的擴充外掛程式，以此方式來賺取廣告收入，甚至點擊連結後，讓臉書帳密受到病毒入侵，自動發送給帳戶的好友，以達到大量擴散的目的。若是你經常使用臉書 Messenger 來與他人互動，務必要提高警覺，避免你所管理的粉絲專頁或社團朋友也遭受魚池之殃。

💬 安裝防毒軟體與更新瀏覽器

預防病毒最有效的方法就是使用防毒軟體，防毒軟體可以透過網路連接上伺服器，並自行判斷有無更新版本的病毒碼，如果有的話就會自行下載、安裝，以完成病毒碼的更新動作。電腦上定期安裝防毒軟體，可以保障自己不受病毒或惡意程式的攻擊，另外主流的瀏覽器，像是 Google Chrome、Microsoft Edge、Mozilla Firefox 等，都有內建安全保護，當我們前往可疑釣魚網站時，它會自動發出警告，所以看到警告訊息時，最好進一步思考是否繼續前往該網站。另外瀏覽器也要更新到最新的版本，新版本通常會針對瀏覽器的缺失進行修正，讓用戶使用時更安全。

✤ 病毒碼就有如電腦病毒指紋

✤ 更新掃描引擎才能讓防毒軟體認識新病毒

⊘ Tips

防毒軟體有時也必須進行「掃描引擎」（Scan Engine）的更新，在一個新種病毒產生時，防毒軟體並不知道如何去檢測它，例如巨集病毒在剛出來的時候，防毒軟體對於巨集病毒根本沒有定義，在這種情況下，就必須更新防毒軟體的掃描引擎，讓防毒軟體能認得新種類的病毒。

💬 移除過期或不使用的應用程式

各位都曾經在手機上安裝過某些 App 程式或註冊一些網站，並以 Facebook 授權的方式進行登入。這樣會在不知不覺中允許這些應用程式或網站存取個人的檔案與資料，所以為了避免資料被盜取，維護個人資訊的安全，對於不再使用的應用程式或網站，建議將它們移除。可由臉書右上角按下 ▼ 鈕，下拉選擇「設定和隱私 / 設定」指令，由左側切換到「應用程式和網站」，各位會看到「使用中」、「已失效」標籤。

- **使用中**：最近曾經使用臉書登入的應用程式和網站，它們可以要求取得你選擇與分享的資料。
- **已失效**：曾經使用臉書帳號所登入的應用程式，但有一段時間未使用，他們仍然可以取得你先前分享的資料，但已無法要求取得私人資料。你仍然可以使用臉書帳號登入這些應用程式或網站。
- **已移除**：你已從臉書帳號移除的應用程式，他們可能仍然取得你先前分享的資料，但無法再要求取得私人資料。

對於可疑的應用程式或是不再使用到的應用程式，可在勾選後按下「移除」鈕進行移除。只要移除應用程式或遊戲，該應用程式或遊戲便無法在你的動態時報發佈貼文。

1 點選「應用程式和網站」

2 不再使用的應用程式按下「移除」鈕

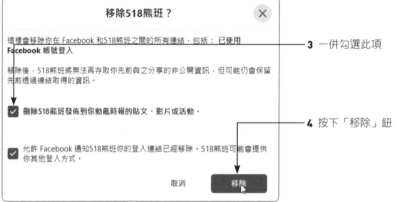

3 一併勾選此項

4 按下「移除」鈕

💬 更新應用程式要求的資料

應用程式之所以需要存取我們的個人資料，目的在幫我們找到使用此應用程式的朋友、讓應用程式設定個人化的內容，或是讓我們在臉書上與他人分享時變得更簡單。所以當我們安裝任何的應用程式時，就表示我們允許該應用程式存取你公開的個人檔案，包括姓名、大頭貼、用戶名稱、帳號、人脈等資料，還有包括你的朋友名單、性別、年齡、住所等其他資訊。對於經常使用的應用程式和網站，也可以透過以下方式來檢視並更新它們所要求的資料。

在使用中的應用程式名稱下方點選「檢視並編輯」

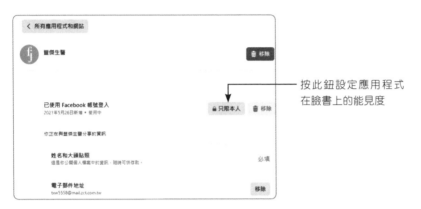

按此鈕設定應用程式在臉書上的能見度

能見度已變更為「朋友」

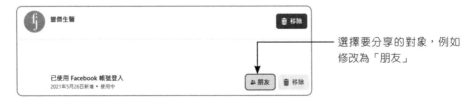

選擇要分享的對象,例如修改為「朋友」

🗨 隱私設定與工具

如果你擔心應用程式可以看到你和臉書朋友的詳細資料，那麼就審核你的臉書隱私設定吧！臉書右上角按下 ▾ 鈕，下拉選擇「設定和隱私/設定」指令，各位會在左側看到「隱私」的選項，這是個人隱私的捷徑，能讓你快速找到常用的隱私設定與工具。

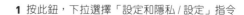

1 按此鈕，下拉選擇「設定和隱私 / 設定」指令

2 點選「隱私」類別　　　　　　　　　　　**3** 點選「編輯」鈕後可編輯該項的內容

畫面中可針對「你的動態」、「其他人如何尋找和聯絡你」、「你接收陌生訊息的方式」等部分進行設定。你可以根據個人的喜好來編輯，諸如：誰可以查看你往後的貼文、檢查所有你被標註的貼文和內容、是否要讓搜尋引擎在 Facebook以外的地方連結你的個人檔案…等。各位只要點選後方「編輯」鈕，即可展開選項進一步做設定。

密技 - 控制誰可看到你的朋友名單

如果不想要別人知道自己交了哪些朋友，不希望任何人都可以在你的動態時報上看到完整的朋友名單，那麼請在下方的視窗中，將預設的「公開」變更為「只限本人」，這樣其他人只會看到共同朋友，未來就算要偷偷交了哪一個祕密情人，也不用怕被朋友看到了。

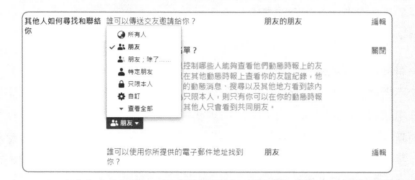

 密技 - 限定誰可查看你往後的貼文

男女朋友吵架分手後，如果不希望受到對方干擾，可在臉書上設定那些朋友無法看到你的貼文。請由「你的動態」中點選「誰可以查看你往後的貼文？」後方的「編輯」鈕，下拉「朋友」鈕，選擇「朋友；除外…」，之後再點選限定者的大頭貼與名字，這樣就可以儲存變更。

◯ 關閉與刪除定位紀錄

隨著行動時代來臨，加上各種網路服務充斥，手機個資外洩已是現代數位生活不可避免的一個威脅。手機個資外洩的原因，最主要的是開放過多的手機存取權，導致用戶儲存在手機的資料外洩。其中相當熱門的定位服務（Location Based System, LBS）是電信業者利用 GPS、藍牙 Wi-Fi 熱點和行動通訊基地台來判斷您的裝置位置的功能，並將用戶當時所在地點及附近地區的資訊，下載至用戶的手機螢幕上，當電信業者取得用戶所在地的資訊，就會帶來各種行銷的商機。

這時有關定位資訊的控管與利用當然也會涉及隱私權的爭議，因為用戶個人手機會不斷地與附近基地台進行訊號聯絡，才能在移動過程中接收來電或訊息，因此相關個人位址資訊無可避免的會暴露在電信業者手中。濫用定位科技所引發的隱私權侵害並非空穴來風，例如手機業者如果主動發送廣告資訊，會涉及用戶是否願意接收手機上傳遞的廣告與是否願意暴露自身位置，或者個人定位資訊若洩露給第三人作為商業利用，也造成隱私權侵害將會被擴大。

當臉書將這些資訊分享給其他開發者，就無法管控第三方如何使用這些個資，讓犯罪集團有機可乘。如果你不想讓第三方的應用程式或網站與臉書的整合功能，從你手機上獲取更多的數據，那麼可以考慮關閉臉書的定位紀錄。臉書右上角按下 ▼ 鈕，下拉選擇「設定和隱私 / 設定」指令，切換到「定位」類別，按下「查看定位紀錄」鈕，你就可以看到你每天的所在位置。

1 切換到「定位」

2 按下「查看定位紀錄」鈕

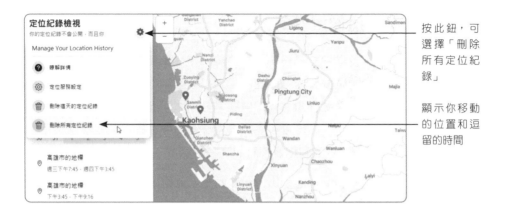

雖然這些定位是私密的,但是為了安全起見,你可以隨時加以刪除。若要刪除這些紀錄,請在地圖上方按下 ⚙ 鈕,再選擇「刪除所有定位紀錄」指令即可。若是要從智慧型手機裡關閉定位服務,請進入 Facebook APP 後,按下右上方的 ☰ 鈕,選擇「設定和隱私」,進入「設定」畫面後,在「隱私設定」裡點選「定位服務」,再將「定位紀錄」功能關閉即可,關閉「定位紀錄」也會一併關閉「周邊的朋友」和「尋找 Wi-Fi」的功能。

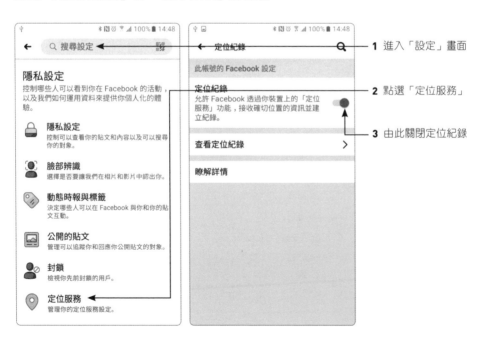

💬 別讓臉書知道你太多的偏好

臉書根據用戶的使用習慣建立了一份廣告清單,這份清單會影響到你所看到的廣告內容,並控制你的廣告偏好,這些清單大都是因為你曾經點選過與該項有關的廣告。如果你不想讓臉書知道你的興趣偏好,大可將這些通通去除,但是移除之後廣告仍然會出現,只是會和你的興趣沒有任何關連。或是移除你不喜歡的廣告類別,這樣就不會看到你沒興趣的廣告內容了。

臉書右上角按下 ▼ 鈕,下拉選擇「設定和隱私 / 設定」指令,由左側切換到「廣告」,就會看到如下視窗,你可針對「廣告商」或「廣告主題」進行調整。

按此隱藏廣告

按此隱藏廣告
減少顯示

瀏覽臉書時，有時會看到自己熟悉的朋友在某些粉絲專頁或廣告中按讚。如果你不希望他人知道自己在瀏覽什麼樣的粉絲專頁或廣告，那麼可以考慮變更下面的設定。

由此進入設定

💬 設定信賴的聯絡人

「信賴的聯絡人」是臉書推出的貼心功能，用意在於當你的臉書帳號被入侵、密碼被他人修改，或是自己忘記密碼時，使你完全無法再次取回臉書帳號，就可以透過預先設定的「信賴的聯絡人」，讓信任的朋友幫助你恢復臉書的帳號。

「信賴的聯絡人」可以設定 3-5 個朋友，當哪一個不幸的日子，你遇到帳號被入侵或被修改的狀況時，就可以向你所設定的「信賴的聯絡人」取得安全碼，同時也能讓對方也確認你是不是真正此帳號的擁有者在，一定的時間內集滿所有的安全碼，就可以把臉書帳號權限取回。請由「設定」視窗中點選「帳號安全和登入」類別，在「選擇你帳號被鎖住時能夠聯絡的朋友（ 3 到 5 位）」區塊後方按下「編輯」鈕，就會看到如下的畫面。

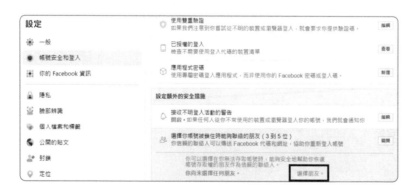

點選「選擇朋友」後，接著跳出視窗告知什麼是信賴的聯絡人，了解之後按下「選擇信賴的聯絡人」按鈕。

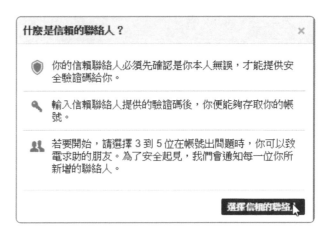

接著輸入你的朋友名字，輸入過程臉書會自動讓你選取朋友的大頭貼和名字，設定之後按下「確認」鈕離開。

設定完成後，各位就會看到聯絡人顯示在畫面上，而你的朋友會收到「xxx 將你新增為信賴的聯絡人」的通知。

密技 - 透過信賴的聯絡人取回帳號使用權

當你的臉書帳號因為被盜用無法登入時,首先是選定一個新的電子郵件或手機,再由顯示的視窗中點選「顯示我信賴的聯絡人」,當你輸入其中一位連絡人的資訊後,視窗中就會秀出所有的信賴的聯絡人,這時候再連絡他們,請他們前往「https:www.facebook.com/recover」網站取得驗證碼,接著你再輸入各組的驗證碼,這樣你才可以設定新的臉書密碼。完成身份證明後,你的電子信箱就會收到臉書寄出的電子郵件,再以此新電子郵件進行帳號密碼的登入。

▶ 本章密技 Q & A

👍 密技 - 隱藏臉書好友列表

如果你的帳號被盜用，想要避免詐騙集團以假冒帳號對你的朋友下手，讓朋友遭受損失，那麼最好把臉書中的好友清單隱藏起來，或者調整成只有好友才能看到，這樣可以阻止詐騙集團去隨意加你的好友。

要隱藏好友名單，請在臉書封面按下「朋友」標籤，接著按下 ⋯ 鈕，選擇「編輯隱私設定」指令，再將「誰可以查看你的朋友名單？」設定為「只限本人」就可搞定。

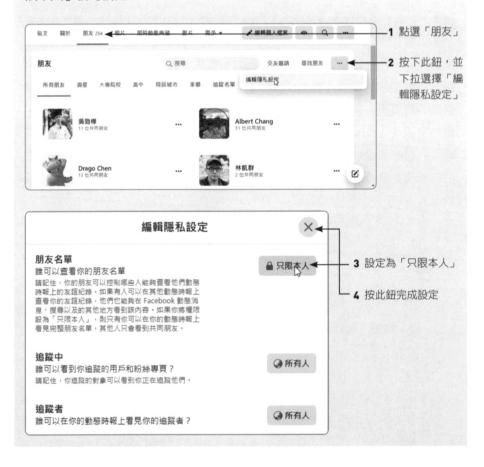

密技 - 向臉書檢舉假冒身分的帳號

當你發現有人偽造你的身分或朋友的身分，不論是相同名字、大頭貼，都可以向臉書提出檢舉。只要進入假帳號的個人頁面，點選右側的 ⋯ 鈕，再下拉選擇「尋求支援或檢舉個人檔案」指令，即可提交給臉書進行審查。

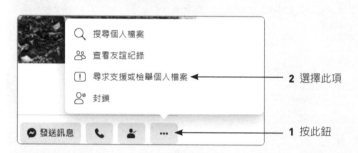

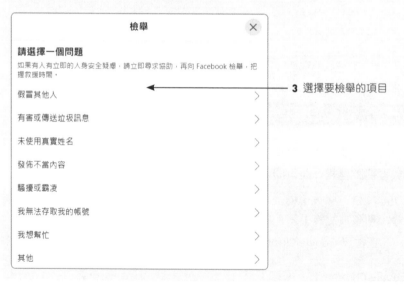

密技 - 封鎖來自朋友的應用程式邀請

已經很久不玩遊戲了，但是臉書上的朋友還是經常傳送應用程式的邀請，如果這樣讓你感覺很困擾，那就讓臉書來忽略特定朋友所傳送過來的應用程式邀情吧！請進入臉書的「設定」畫面，由左側切換到「封鎖」類別，接著在「封鎖應用程式邀請」的欄位中輸入朋友的姓名就可搞定。

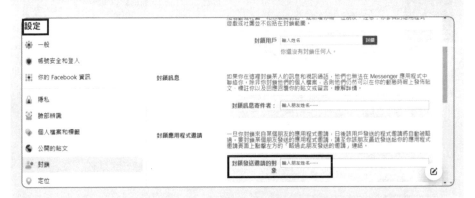

密技 - 避免追蹤程式蒐集你的活動紀錄

當你使用臉書帳號登入網頁或應用程式，應用程式或網頁也有可能在你的瀏覽器中放置追蹤程式，所以即使你關閉後應用程式或網頁，追蹤器也可以持續蒐集你的資料，像是你跟哪些人互動較多、造訪過那些網站、下載過那些程式…等，都會被記錄下來。所以最好定期清除瀏覽器上的「瀏覽紀錄」與「Cookie」。這裡以 Google Chrome 瀏覽器做說明，其清除步驟如下：

- 由 Google Chrome 右上方按下 ⋮ 鈕，下拉選擇「設定」指令。
- 下移至最下方，點選「進階」，使開啟進階選項。
- 在「隱私權和安全性」的類別中，點選「清除瀏覽紀錄」使顯現如下視窗，再按「清除資料」鈕清除瀏覽資料。

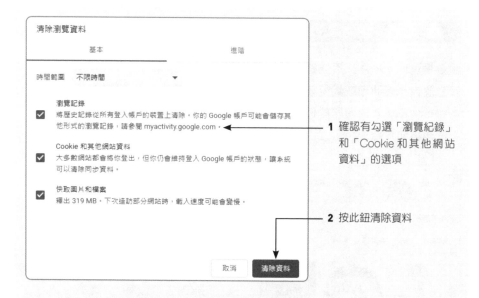

1 確認有勾選「瀏覽紀錄」和「Cookie 和其他網站資料」的選項

2 按此鈕清除資料

除了定期清除瀏覽器上的瀏覽紀錄外，也可以考慮在瀏覽器中安裝 Disconnect 或 Privacy Badger 之類的追蹤器攔截器，或是安裝 uBlock Origin 之類的廣告攔截軟體，以避免廣告中含有蒐集資料的病毒。

✪ Tips

Cookie 是網頁伺服器放置在電腦硬碟中的一小段資料，例如用戶最近一次造訪網站的時間、用戶最喜愛的網站記錄以及自訂資訊等。當用戶造訪網站時，瀏覽器會檢查正在瀏覽的 URL 並查看用戶的 cookie 檔，如果瀏覽器發現和此 URL 相關的 cookie，會將此 cookie 資訊傳送給伺服器。這些資訊可用於追蹤人們上網的情形，並協助統計人們最喜歡造訪何種類型的網站。

密技 - 避免讓朋友知道按讚的內容

臉書是現代人平常交流與獲得新知的便利平台,「這個粉絲專頁好棒!」,有時對於自己感興趣或覺得較特別的粉絲專頁,通常都會不自覺的按下讚鈕,可能就會不小心洩漏關於你這個人的個性、嗜好、秘密,如果你所按讚的內容不想被朋友發現,可以透過以下的方式隱藏起來。

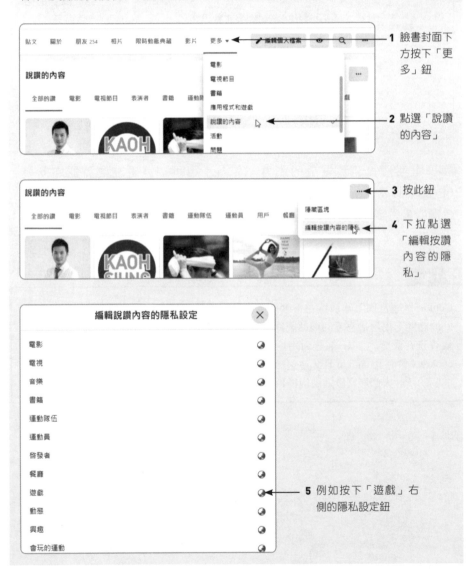

1 臉書封面下方按下「更多」鈕

2 點選「說讚的內容」

3 按此鈕

4 下拉點選「編輯按讚內容的隱私」

5 例如按下「遊戲」右側的隱私設定鈕

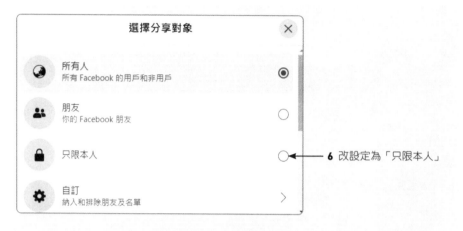

6 改設定為「只限本人」

設定完成後，你的朋友名單或是按讚的內容，別人都看不到喔！

10

讓粉絲甘心掏錢的
社團行銷企劃

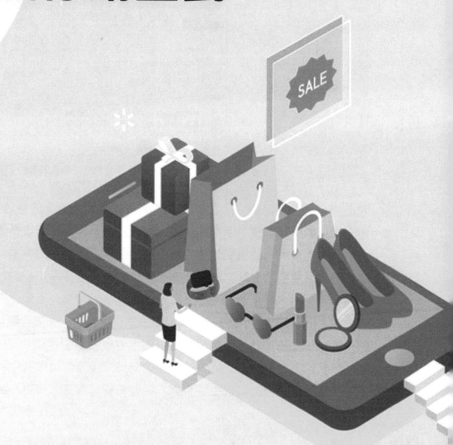

臉書是目前擁有最多會員人數的社群網站，也是社群行銷最重要管道之一，臉書真正精采的行銷價值，並非只是讓企業品牌累積粉絲按讚與免費推播行銷訊息，而是這個平台具備全世界最精準的分眾（Segmentation）行銷能力，很多企業品牌透過臉書成立「粉絲專頁」或「社團」。店家想要將商品的訊息或活動利用臉書快速的散播到朋友圈，無論社團或粉絲頁，吸引志同道合粉絲都是最重要的第一步，如果沒有長期的維護經營，有可能會使粉絲們或成員取消關注。

✿ 爆料分社眾多，每一社團都是 10 萬人起跳

我們知道「精準分眾」是社群上最有價值的功能，臉書的社團（Group）是指相同嗜好的小眾團體，設立的主要目的大部分是因為這群成員他們有共同的愛好、興趣或身份，如果你想學習新的技能，或是培養新的興趣，加入社團都是個好方法。臉書「分眾」能力的完美呈現就是透過多采多姿的社團功能，社團可設定不公開或私密社團，社團和粉絲專頁有點類似，不過社團則是邀請使用者「加入」，必須經過社團管理人的審核才可以加入，例如「熟女購物團」、「泰國代購」、「二手拍賣」、「爆料公設」、「雄中校友會」、「柴犬同學會」等。而社團的隱私性，反而提供了更多的空間讓每個成員來討論，其中的成員互動性較高，而且每位成員都可以主導發言，相較於粉絲專頁，有更多細節功能可設定

與使用，社團更注重帶起討論的特性，這也使得社團從 0 到有的經營比粉絲團更加困難，而且不能針對社團下廣告。

▶ 社團的建立與設定

經常有店家會問「臉書行銷」領域中，難道就只有「粉絲專頁」嗎？可惜的是，很多品牌社群行銷策略似乎只看中粉絲專頁，卻很少運用到臉書中越來越流行的社團，特別是從 2017 年開始，臉書在社團機制的優化上下足了功夫，最大好處是能接觸到分眾明確的目標族群，例如想找住在高雄、喜愛瘦身、瑜珈、減肥等興趣愛好者，只要在臉書搜尋這些關鍵字便會出現許多相關社團。因應 FB 粉絲團貼文觸及率不斷下修，許多店家開始將經營重心放在 FB 社團，因此 FB 社團的經營近年來越來越受店家與品牌的重視。臉書的「社團」目前已擁有超過 10 億個用戶，社團最大價值在於能快速接觸目標族群，透過社團的最終目標不單是為了創造訂單，而是打造品牌。

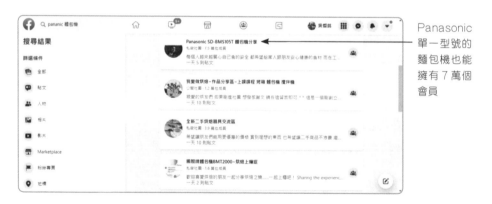

Panasonic 單一型號的麵包機也能擁有 7 萬個會員

通常會加入社團的人大多是較死忠的鐵粉，貼文內容不得轉分享，社團用途十分多元，強大到甚至有單一型號的產品都有自己的社團，社團人數更高達上萬，從偶像粉絲、二手拍賣到各類汽車、手錶、攝影等休閒興趣聚會，例如 Panasonic 麵包機便是很好的範例，愛好者進入專屬社團且主動分享食譜。臉書社團可以分眾管理，匯聚志同道合的粉絲來進行客戶服務，也可以討論商品或作經驗的交流，如果你還不熟悉社團的經營，接下來的章節將為你詳細說明。

建立社團

社團是臉書中很好用的功能，能把志同道合的朋友湊在一起討論與交流，大夥就興趣、愛好、職業等相同主題來呼朋引伴與共享資訊。首先要幫社團定義清楚的目標受眾、想要傳遞的核心價值及命個好名，是社團經營的第一步，特別是要確定你想建立的社團是否已有相同性質的社團存在？並參考同類型社團的經營方向，瞄準重複性較低的區塊，讓你的社團做出區隔，就像是要開一間早餐店，也要先看過附近方圓 500 公尺有多少間早餐店一樣。

✤ 社團有點像是私人俱樂部的型態

社團的命名最好要能夠讓人用直覺就能搜尋，例如在社團名稱埋入關鍵字是個很重要的行銷技巧，當然社團名稱最好能讓人一眼看出要加入的社團性質，如果不能在 10 秒內讓人立馬決定點選加入社團，之後可能也很難吸引其他人加入使用。由於社團是以「個人」帳戶進行建立與管理，任何人要建立社團，新增成員到社團中，至少要 2 個人（包括自己）才能建立社團，各位只要從臉書右上角功能表 ⊞ 鈕下拉建立「社團」，就可以替你的社團命名和加入會員。

1 設定社團名稱

2 社團可以是公開、私密社團，由此進行隱私選擇

3 由此新增成員，也可事後再加入

4 按此鈕建立社團

臉書的社團可以是公開社團、不公開社團、私密社團，差異性如下：

- 公開社團：所有人都可以找到這個社團，並查看其中的成員和他們發布的貼文，非社團成員也能讀取貼文內容。
- 私密社團：一般用戶無法在搜尋中看到社團，只有成員可以找到這個社團，並查看其中的成員和他們發布的貼文。

◯ 變更社團隱私設定

社團的隱私設定有公開、私密兩種，建立後的社團只要人數尚未滿 5000 人，管理者就可以隨時變更社團的隱私設定。公開社團可以變更為私密社團。管理員排定隱私設定變更時間後，有三天的時間可以取消該動作。公開社團一旦變更為私密社團，這項變更就無法復原。社團隱私變更方式如下，

1 在社團頁面左側的管理員工具切換到「設定」區塊

2 按下「隱私」右側的筆狀圖示鈕可以變更隱私設定

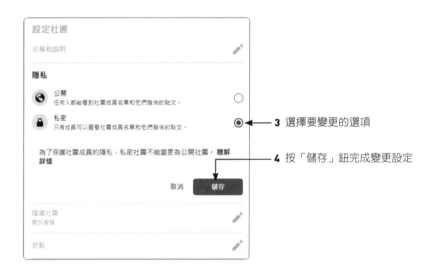

3 選擇要變更的選項

4 按「儲存」鈕完成變更設定

社團成員的管理

臉書的粉絲專頁的用戶稱為「粉絲」；加入社團的用戶則稱作「成員」，至於社團成立的方向最好參考同類型社團的經營方式與本身在內容產製上較具優勢的區塊，讓自己的社團做出區隔，或者你剛好還有經營粉絲專頁，那麼你不妨透過粉專的貼文，配合下臉書廣告的方式推廣你的社團。

社團成員的邀請或審核

想要在社團中邀請成員加入，可在社團封面下方按下「邀請」鈕，就可以在顯示的視窗中勾選朋友姓名，並按下「傳送邀請」鈕來邀請朋友加入社團。

1 按下「邀請」鈕
邀請成員

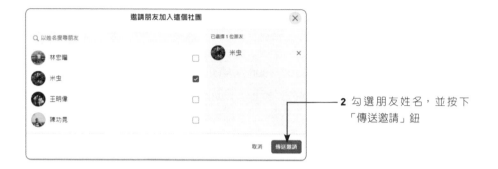

2 勾選朋友姓名，並按下「傳送邀請」鈕

任何人在臉書上看到喜歡的社團，也可以自行提出要求來加入社團。社團新成員的審核可由社團管理員或是社團成員來審核資格，如果社團建立者希望用戶需先經過管理員或版主批准，才能進一步發佈貼文和留言，可在如下的視窗中進行修改。

🗨 新會員提問和資格審查

社團成立的目的是讓有相同興趣的成員共同參與，有核心價值才能吸引志同道合的成員加入並討論，例如喜愛登山、攀岩、溯溪的同好，因為有共同理念，加入後才會有動力經常發文分享。彼此間可以分享資訊與進行互動，不但可以共享圖片、影片，也可以在成員中建立票選活動。對於想要新加入的新會員，管理員或版主可以提出一些問題來詢問，以便深入了解對方是否適合加入此社團，或者當社團人數達到一定數量，你將會辦個摸彩活動，給予相對應的小小

獎品，盡可能地讓社團保持活躍但不會讓人討厭的狀態。最重要是要能營造讓進入社團的新進人員感受到「我很特別」，自己是被精挑細選出來的。

例如「Panasonic 國際牌 NB-H3200/3800 烤箱烘焙、料理、材料交流園地」社團，申請加入的成員都必須先回答管理員所提出的問題，沒回答就不會進行審核。有了這樣的設置，管理員就有所依據來判斷使用者是否可以加入此社團，讓參加社團的成員都是具有相同理念或興趣的成員。

▶ 社團的基礎操作

社團除了成員的管理工作外，我們還可以制定社團規則，當建立社團後我們就可以瀏覽與編輯社團功能，另外社團管理員可以自己的需求進行各種社團的設定，甚至貼文內容如何安排及發佈時程的設定，這些工作都是屬於社團的基礎操作工作。

💬 瀏覽與編輯社團

你所管理與參加的社團，臉書都會幫你列表管理，由個人臉書首頁的左側，點選「社團」標籤，就能切換到「社團」。

1 由左側點選
「社團」頁籤

2 列出所有你所
管理與參與的
社團,點選名
稱即可進入該
社團

進入自己管理的社團後,如要進行編輯設定,可在「設定」頁籤,可設定社團
的類型、簡介、標籤、地點、應用程式、網址、隱私⋯等進行編輯設定。

這個頁面有底下各種區塊的設定工作，社團管理員可以自己的需求進行各種社團的設定：

制定社團規則

每個社團的成立都有特定的目標，而且成員來自於四面八方，為了讓所有的成員都能夠了解社團規則並共同遵守，以避免不肖廠商加入成會員而任意發佈廣告訊息，影響其他成員的觀感，社團的活躍度是需要用心經營，社團管理者可以預先制定社團版規，在社團中分享、提問及回應，讓更多社團成員更了解，

形成成員參與的風氣。根據機構研究，有版規的社團往往成員會更活躍並熱衷發文討論。管理員如果要設定社團版規，請切換到「管理社團」頁籤，接著點選「制定規則」，再按下「開始建立」鈕即可制定 10 條的社團規則，至於版規訂定公告後，如何確實執行就要看管理員的執行力：

1 點選「建立規則」

2 按「開始建立」鈕

按此欄位即可開始撰寫
標題與內容

發佈與排定貼文時間

不會有人想追蹤一個沒有內容的社團，社團的活躍度是需要用心經營，這裏貼文內容扮演著舉足輕重的角色，正因為社團更注重帶起討論的特性，這也使得社團從無到有的經營比粉絲專頁更加困難，如果希望自己的社團的追蹤者能像

滾雪球般成長，這個關鍵就是在於社團能否先提供有價值的貼文與設立發文審核機制，並且鼓勵正向討論風氣，進而吸引更多成員加入。社團的貼文發佈和粉絲頁一樣，任何人只要在貼文區塊中按下滑鼠左鍵，即可開始撰寫貼文內容。

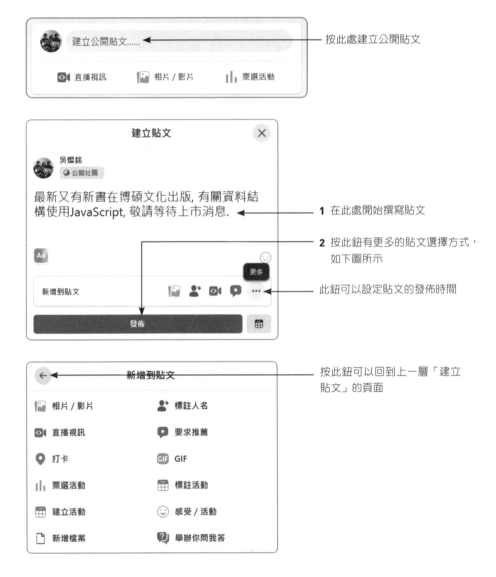

如果貼文未到發佈的時間，你也可以預先編寫好，設定未來要發佈的日期與時間，只要時間一到，臉書就會自動幫你將貼文發佈出去。請按下「發佈」鈕右側的 ⊞ 鈕，即可在下面的視窗中設定未來的時間。

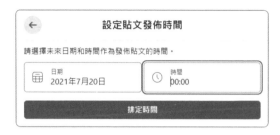

排定時間後，就可以在社團左側的「管理員工具」中的「排定發佈的貼文」中
看到目前排定的貼文。

如果各位想要改變發佈時間，例如按下「立即發佈」鈕，就可以在社團首頁中
看到剛發佈的貼文。

貼文中比起文字，成員更容易從圖片中獲得資訊，當然如果能用影片說明是最好，臉書為了創造讓影片更貼近社群，用影音打造即時社團互動體驗，最近推出的影片趴（Watch Party）功能，就是邀大家一起「同時」看影片，可讓社團管理者貼臉書上曾經公開的影片分享到社團中，邊看影片同時也可使用直播的各式功能，進而在旁討論、互動、分享心得，等於把直播的功能放在影片上，和其他的社團成員同時觀看。

請留意！千萬別為了衝文章數，大量轉貼外部文章或新聞，因為無法帶動討論的貼文，反而會造成互動率下降。

▶ 社團的管理

雖然說臉書的粉絲專頁和社團都可以算是一種社群模式，但本質和經營運作模式還是有一點差異。基本上，社團之於粉絲專頁，更像是一個祕密交流的基地，如果各位要販賣商品、資訊情報交流或地區型的團體，社團會是不錯的選擇，要經營個人品牌，粉絲頁較適合，通常會加入社團的人大多是較死忠的粉絲或有志一同的網友，例如高人氣的明星或網紅多半會經營自己的社團，並且邀請粉絲加入。

社團最大價值在於接觸目標族群，討論熱烈的社團往往開團購也能有數萬的可觀消費金額，如果希望社團成員數要能像滾雪球一樣成長，一定要想方設法讓成員們願意主動邀請親朋好友進來參與，中間的關鍵就在於社團要先提供價值給成員。因為「參與」是一件需要被誘導的事情，社團中的成員彼此間可以分享資訊與進行互動，例如分享心情小語、近照與影片，也可以利用郵件列表的方式保持聯絡。社團採取邀請制，其中的成員互動性較高，而且每位成員都可以主導發言。

在建立社團後，管理員必須要進行管理，才能讓社團永續經營，成員信任感的營造是非常重要，因為社團成員需要持續被提醒才能養成互動參與的習慣。社團管理的工作包括了貼文主題的管理、排定發佈的貼文、制定規則、社團加入申請、批准通知、被檢舉的內容、以及管理員活動紀錄…等。

要進行社團管理請多加利用社團的「管理員工具」，提供待審貼文、排定發佈的貼文、活動紀錄、社團規則、遭成員檢舉的內容、審核提醒、社團品質、壯大社團及設定。

- 待審貼文：可審查的待審貼文。
- 排定發佈的貼文：顯示已排定但未發佈的貼文。
- 活動紀錄：列出管理員所執行過的各項動作。
- 社團規則：規則是用來製作社團必須遵守的細則，並避免成員之間起衝突，可為社團建立 10 條以內的規則，讓社團會員可以遵守。管理者可以自行發想，或是使用 Facebook 所提供的規則範例來加以修改。
- 遭成員檢舉的內容：如果成員向社團管理員檢舉內容，你可以在這裡審查該內容。顯示其他成員檢舉的貼文、限時動態或留言，讓管理員進行檢視，以便作保留或刪除等處置。
- 審核提醒：查看是否有貼文或留言觸發你設定的通知。
- 社團品質：可讓你瞭解社團中的內容是否違反 Facebook 政策，可以協助你維護社團安全。
- 壯大社團：Facebook 會向可能有興趣加入的用戶建議社團。你可以設置偏好設定，幫助我們向更相關的用戶建議你的社團。
- 設定：包括各種社團的設定工作。

老鳥鐵了心都要懂
得最夯網路行銷與
臉書專業術語

每個行業都有該領域的專業術語，數位行銷業與 SEO 領域也不例外，面對一個已經成熟的數位行銷環境，通常不是經常在電子商務領域工作的從業人員，對這些術語可能就沒這麼熟悉了，以下我們特別整理出這個領域中常見的專業術語：

- **Accelerated Mobile Pages, AMP（加速行動網頁）**

  是 Google 的一種新項目，網址前面顯示一個小閃電型符號，設計的主要目的是在追求效率，就是簡化版 HTML，透過刪掉不必要的 CSS 以及 JavaScript 功能與來達到速度快的效果，對於圖檔、文字字體、特定格式等限定，網頁如果有製作 AMP 頁面，幾乎不需要等待就能完整瀏覽頁面與加載完成，因此 AMP 也有加強 SEO 作用。

- **Active User（活躍使用者）**

  在 Google Analytics「活躍使用者」報表可以讓分析者追蹤 1 天、7 天、14 天或 28 天內有多少使用者到您的網站拜訪，進而掌握使用者在指定的日期內對您網站或應用程式的熱衷程度。

- **Ad Exchange（廣告交易平台）**

  類似一種股票交易平臺的概念運作，讓廣告賣方和聯繫在一起，在此進行媒合與競價。

- **Advertising（廣告主）**

  出錢買廣告的一方，例如最常見的電商店家。

- **Agency（代理商）**

  有些廣告對於廣告投放沒有任何經驗，通常會選擇直接請廣告代理商來幫忙規劃與操作。

- **Affiliate Marketing（聯盟行銷）**

  在歐美是已經廣泛被運用的廣告行銷模式，是一種讓網友與商家形成聯盟關係的新興數位行銷模式，廠商與聯盟會員利用聯盟行銷平台建立合作夥伴關係，讓沒有產品的推廣者也能輕鬆幫忙銷售商品。

- **AppStore**

  是蘋果公司針對使用 iOS 作業系統的系列產品，讓用戶可透過手機或上網購買或免費試用裡面 APP。

- Apple Pay

是 Apple 的一種手機信用卡付款方式，只要使用該公司推出的 iPhone 或 Apple Watch（iOS 9 以上）相容的行動裝置，並將自己卡號輸入 iPhone 中的 Wallet App，經過驗證手續完畢後，就可以使用 Apple Pay 來購物，還比傳統信用卡來得安全。

- Application（APP）

就是軟體開發商針對智慧型手機及平版電腦所開發的一種應用程式，APP 涵蓋的功能包括了圍繞於日常生活的的各項需求。

- Application Service Provider, ASP（應用軟體租賃服務業）

業只要可以透過網際網路或專線，以租賃的方式向提供軟體服務的供應商承租，定期僅需固定支付租金，即可迅速導入所需之軟體系統，並享有更新升級的服務。

- Artificial Intelligence, AI（人工智慧）

人工智慧的概念最早是由美國科學家 John McCarthy 於 1955 年提出，目標為使電腦具有類似人類學習解決複雜問題與展現思考等能力，也就是由電腦所模擬或執行，具有類似人類智慧或思考的行為，例如推理、規畫、問題解決及學習等能力。

- Asynchronous JavaScript and XML, AJAX

是一種新式動態網頁技術，結合了 Java 技術、XML 以及 JavaScript 技術，類似 DHTML。可提高網頁開啟的速度、互動性與可用性，並達到令人驚喜的網頁特效。

- Augmented Reality, AR（擴增實境）

就是一種將虛擬影像與現實空間互動的技術，透過攝影機影像的位置及角度計算，在螢幕上讓真實環境中加入虛擬畫面，強調的不是要取代現實空間，而是在現實空間中添加一個虛擬物件，並且能夠即時產生互動，各位應該看過電影鋼鐵人在與敵人戰鬥時，頭盔裡會自動跑出敵人路徑與預估火力，就是一種 AR 技術的應用。

- Average Order Value, AOV（平均訂單價值）

所有訂單帶來收益的平均金額，AOV 越高當然越好。

- Avg. Session Duration（平均工作階段時間長度）

  「平均工作階段時間長度」是指所有工作階段的總時間長度（秒）除以工作階段總數所求得的數值。網站訪客平均單次訪問停留時間，這個時間當然是越長越好。

- Avg. Time on Page（平均網頁停留時間）

  是用來顯示訪客在網站特定網頁上的平均停留時間。

- Backlink（反向連結）

  「反向連結」（Backlink）就是從其他網站連到你的網站的連結，如果你的網站擁有優質的反向連結（例如：新聞媒體、學校、大企業、政府網站），代表你的網站越多人推薦，當反向連結的網站越多、就越被搜尋引擎所重視。

- Bandwidth（頻寬）

  是指固定時間內網路所能傳輸的資料量，通常在數位訊號中是以 bps 表示，即每秒可傳輸的位元數（bits per second）。

- Banner Ad（橫幅廣告）

  最常見的收費廣告，自 1994 年推出以來就廣獲採用至今，在所有與品牌推廣有關的網路行銷手段中，橫幅廣告的作用最為直接，主要利用在網頁上的固定位置，至於橫幅廣告活動要能成功，全賴廣告素材的品質。

- Beacon

  是種藉由低功耗藍牙技術（Bluetooth Low Energy, BLE），藉由室內定位技術應用，可做為物聯網和大數據平台的小型串接裝置，具有主動推播行銷應用特性，比 GPS 有更精準的微定位功能，是連結店家與消費者的重要環節，只要手機安裝特定 APP，透過藍芽接收到代碼便可觸發 APP 做出對應動作，可以包括在室內導航、行動支付、百貨導覽、人流分析，及物品追蹤等近接感知應用。

- Big data（大數據）

  由 IBM 於 2010 年提出，大數據不僅僅是指更多資料而已，主要是指在一定時效（Velocity）內進行大量（Volume）且多元性（Variety）資料的取得、分析、處理、保存等動作，主要特性包含三種層面：大量性（Volume）、速度性（Velocity）及多樣性（Variety）。

■ Black hat SEO（黑帽 SEO）

「黑帽 SEO」（Black hat SEO）是指有些手段較為激進的 SEO 做法，希望透過欺騙或隱瞞搜尋引擎演算法的方式，獲得排名與免費流量，常用的手法包括在建立無效關鍵字的網頁、隱藏關鍵字、關鍵字填充、購買舊網域、不相關垃圾網站建立連結或付費購買連結等。

■ Bots Traffic（機器人流量）

非人為產生的作假流量，就是機器流量的俗稱。

■ Bounce Rate（跳出率、彈出率）

是指單頁造訪率，也就是訪客進入網站後在固定時間內（通常是 30 分鐘）只瀏覽了一個網頁就離開網站的次數百分比，這個比例數字越低越好，愈低表示你的內容抓住網友的興趣跳出率太高多半是網站設計不良所造成。

■ Breadcrumb Trail（麵包屑導覽列）

也稱為導覽路徑，是一種基本的橫向文字連結組合，透過層級連結來帶領訪客更進一步瀏覽網站的方式，對於提高用戶體驗來說，是相當有幫助。

■ Business to Business, B2B（企業對企業間）

指的是企業與企業間或企業內透過網際網路所進行的一切商業活動。例如上下游企業的資訊整合、產品交易、貨物配送、線上交易、庫存管理等。

■ Business to Customer, B2C（企業對消費者間）

是指企業直接和消費者間的交易行為，一般以網路零售業為主，將傳統由實體店面所銷售的實體商品，改以透過網際網路直接面對消費者進行實體商品或虛擬商品的交易活動，大大提高了交易效率，節省了各類不必要的開支。

■ Button Ad（按鈕式廣告）

是一種小面積的廣告形式，因為收費較低，較符合無法花費大筆預算的廣告主，例如 Call-to-Action, CAT（行動號召）鈕就是一個按鈕式廣告模式，就是希望召喚消費者去採取某些有助消費的活動。

■ Buzz Marketing（話題行銷）

或稱蜂鳴行銷和口碑行銷類似，企業或品牌利用最少的方法主動進行宣傳，在討論區引爆話題，造成人與人之間的口耳相傳，如蜜蜂在耳邊嗡嗡作響的 buzz，然後再吸引媒體與銷非者熱烈討論。

- Call-to-Action, CAT（行動號召）

  希望訪客去達到某些目的的行動，就是希望召喚消費者去採取某些有助消費的活動，例如故意將訪客引導至網站策劃的「到達頁面」（Landing Page），會有特別的 CAT，讓訪客參與店家企畫的活動。

- Cascading Style Sheets, CSS

  一般稱之為串聯式樣式表，其作用主要是為了加強網頁上的排版效果（圖層也是 CSS 的應用之一），可以用來定義 HTML 網頁上物件的大小、顏色、位置與間距，甚至是為文字、圖片加上陰影等等功能。

- Channel Grouping（管道分組）

  因為每一個流量的來源特性不一致，而且網路流量的來源可能非常多種管道，為了有效管理及分析各個流量的成效，就有必要將流量根據它的性質來加以分類，這就是所謂的管道分組（Channel Grouping）。

- Churn Rate（流失率）

  代表你的網站中一次性消費的顧客，佔所有顧客裡面的比率，這個比率當然是越低越好。

- Click（點擊數）

  是指網路用戶使用滑鼠點擊某個廣告的次數，每點選一次即稱為 one click。

- Click Through Rate, CTR（點閱率）

  或稱為點擊率，是指在廣告曝光的期間內有多少人看到廣告後決定按下的人數百分比，也就是是指廣告獲得的點擊次數除以曝光次數的點閱百分比，可作為一種衡量網頁熱門程度的指標。

- Cloud Computing（雲端運算）

  已經被視為下一波電子商務與網路科技結合的重要商機，雲端運算時代來臨將大幅加速電子商務市場發展，「雲端」其實就是泛指「網路」，來表達無窮無際的網路資源，代表了龐大的運算能力。

- Cloud Service（雲端服務）

  其實就是「網路運算服務」，如果將這種概念進而衍伸到利用網際網路的力量，透過雲端運算將各種服務無縫式的銜接，讓使用者可以連接與取得由網路上多台遠端主機所提供的不同服務。

- Computer Version, CV（電腦視覺）

  CV 是一種研究如何使機器「看」的系統，讓機器具備與人類相同的視覺，以做為產品差異化與大幅提升系統智慧的手段。

- Content Marketing（內容行銷）

  滿足客戶對資訊的需求，與多數傳統廣告相反，是一門與顧客溝通但不做任何銷售的藝術，就在於如何設定內容策略，可以既不直接宣傳產品，不但能達到吸引目標讀者，又能夠圍繞在產品周圍，並且讓消費者喜歡，最後驅使消費者採取購買行動的行銷技巧，形式可以包括文章、圖片、影片、網站、型錄、電子郵件等。

- Conversion Rate Optimization , CRO（轉換優化）

  則是藉由讓網站內容優化來提高轉換率，達到以最低的成本得到最高的投資報酬率。轉換優化是數位行銷當中至關重要的環節，涉及了解使用者如何在您的網站上移動與瀏覽細節，電商品牌透過優化每一個階段的轉換率，讓顧客對瀏覽的體驗過程更加滿意，提升消費者購買的意願，一步步地把訪客轉換為顧客。

- Cookie（餅乾）

  小型文字檔，網站經營者可以利用 Cookies 來瞭解到使用者的造訪記錄，例如造訪次數、瀏覽過的網頁、購買過哪些商品等。

- Cost of Acquiring, CAC（客戶購置成本）

  所有說服顧客到你的網店購買之前所有投入的花費。

- Crowdfunding（群眾集資）

  群眾集資就是過群眾的力量來募得資金，使 C2C 模式由生產銷售模式，延伸至資金募集模式，以群眾的力量共築夢想，來支持個人或組織的特定目標。近年來群眾募資在各地掀起浪潮，募資者善用網際網路吸引世界各地的大眾出錢，用小額贊助來尋求贊助各類創作與計畫。

- Customization（客制化）

  是廠商依據不同顧客的特性而提供量身訂製的產品與不同的服務，消費者可在任何時間和地點，透過網際網路進入購物網站買到各種式樣的個人化商品。

- **Conversion Rate, CR（轉換率）**

  網路流量轉換成實際訂單的比率，訂單成交次數除以同個時間範圍內帶來訂單的廣告點擊總數，就是從網路廣告過來的訪問者中最終成交客戶的比率。

- **Cross-Border Ecommerce（跨境電商）**

  是全新的一種國際電子商務貿易型態，也就是消費者和賣家在不同的關境（實施同一海關法規和關稅制度境域）交易主體，透過電子商務平台完成交易、支付結算與國際物流送貨、完成交易的一種國際商業活動，讓消費者滑手機，就能直接購買全世界任何角落的商品。

- **Cross-selling（交叉銷售）**

  當顧客進行消費的時候，發現顧客可能有多種需求時，說服顧客增加花費而同時售賣出多種相關的服務及產品。

- **Computer Version, CV（電腦視覺）**

  是一種研究如何使機器「看」的系統，讓機器具備與人類相同的視覺，以做為產品差異化與大幅提升系統智慧的手段。

- **Cost per Action, CPA（回應數收費）**

  廣告店家付出的行銷成本是以實際行動效果來計算付費，例如註冊會員、下載 APP、填寫問卷等。畢竟廣告對店家而言，最實際的就是廣告期間帶來的訂單數，可以有效降低廣告店家的廣告投放風險。

- **Cost Per Click, CPC（點擊數收費）**

  一種按點擊數付費廣告方式，是指搜尋引擎的付費競價排名廣告推廣形式，就是按照點擊次數計費，不管廣告曝光量多少，沒人點擊就不用付錢。例如關鍵字廣告一般採用這種定價模式，不過這種方式比較容易作弊，經常導致廣告店家利益受損。

- **Cost per Impression, CPI（播放數收費）**

  傳統媒體多採用這種計價方式，是以廣告總共播放幾次來收取費用，通常對廣告店家較不利，不過由於手機播放較容易吸引用戶的注意，仍然有些行動廣告是使用這種方式。

- Cost per Mille, CPM（廣告千次曝光費用）

  全文應該是 Cost per Mille Impression，指廣告曝光一千次所要花費的費用，就算沒有產生任何點擊，要千次曝光就會計費，通常多在數百元之間。

- Cost per Sales, CPS（實際銷售筆數付費）

  近年日趨流行的計價收方式，按照廣告點擊後產生的實際銷售筆數付費，也就是點擊進入廣告不用收費，算是一種 CPA 的變種廣告方式，目前相當受到許多電子商務網站歡迎，例如各大網路商城廣告。

- Cost Per Lead, CPL（每筆名單成本）

  以收集潛在客戶名單的數量來收費，也算是一種 CPC 的變種方式，例如根據聯盟行銷的會員數推廣效果來付費。

- Cost Per Response, CPR（訪客留言付費）

  根據每位訪客留言回應的數量來付費，這種以訪客的每一個回應計費方式是屬於輔助銷售的廣告模式。

- Coverage Rate（覆蓋率）

  一個用來記錄廣告實際與希望觸及到了多少人的百分比。

- Creative Commons, CC（創用 CC）

  是源自著名法律學者美國史丹佛大學 Lawrence Lessig 教授於 2001 年在美國成立 Creative Commons 非營利性組織，目的在提供一套簡單、彈性的「保留部分權利」（Some Rights Reserved）著作權授權機制。

- Customer's Lifetime value, CLV（顧客終身價值）

  是指每一位顧客未來可能為企業帶來的所有利潤預估值，也就是透過購買行為，企業會從一個顧客身上獲得多少營收。

- Customer Relationship Management, CRM（顧客關係管理）

  顧客關係管理（CRM）是由 BrianSpengler 在 I999 年提出，最早開始發展顧客關係管理的國家是美國。CRM 的定義是指企業運用完整的資源，以客戶為中心的目標，讓企業具備更完善的客戶交流能力，透過所有管道與顧客互動，並提供適當的服務給顧客。

- **Customer-to-Busines, C2B（消費者對企業型電子商務）**

  是一種將消費者帶往供應者端，並產生消費行為的電子商務新類型，也就是主導權由廠商手上轉移到了消費者手中。

- **Customer-to-Customer, C2C（客戶對客戶型的電子商務）**

  就是個人使用者透過網路供應商所提供的電子商務平臺與其他消費者者進行直接交易的商業行為，消費者可以利用此網站平臺販賣或購買其他消費者的商品。

- **Cybersquatter（網路蟑螂）**

  近年來網路出現了出現了一群搶先一步登記知名企業網域名稱的「網路蟑螂」（Cybersquatter），讓網域名稱爭議與搶註糾紛日益增加，不願妥協的企業公司就無法取回與自己企業相關的網域名稱。

- **Database Marketing（資料庫行銷）**

  是利用資料庫技術動態的維護顧客名單，並加以尋找出顧客行為模式和潛在需求，也就是回到行銷最基本的核心「分析消費者行為」，針對每個不同喜好的客戶給予不同的行銷文宣以達到企業對目標客戶的需求供應。

- **Data Highlighter（資料螢光筆）**

  是一種 Google 網站管理員工具，讓您以點選方式進行操作，只需透過滑鼠就可以讓資料螢光筆標記網站上的重要資料欄位（如標題、描述、文章、活動等）。

- **Data Mining（資料探勘）**

  則是一種資料分析技術，可視為資料庫中知識發掘的一種工具，可以從一個大型資料庫所儲存的資料中萃取出有價值的知識，廣泛應用於各行各業中，現代商業及科學領域都有許多相關的應用。

- **Data Warehouse（資料倉儲）**

  於 1990 年由資料倉儲 Bill Inmon 首次提出，是以分析與查詢為目的所建置的系統，目的是希望整合企業的內部資料，並綜合各種外部資料，經由適當的安排來建立一個資料儲存庫。

- **Data Manage Platform , DMP（數據管理平台）**

  主要應用於廣告領域，是指將分散的大數據進行整理優化，確實拼湊出顧客

的樣貌，進而再使用來投放精準的受眾廣告，在數位行銷領域扮演重要的角色。

- Data Science（資料科學）
就是為企業組織解析大數據當中所蘊含的規律，就是研究從大量的結構性與非結構性資料中，透過資料科學分析其行為模式與關鍵影響因素，也就是在模擬決策模型，進而發掘隱藏在大數據資料背後的商機。

- Deep Learning, DL（深度學習）
算是 AI 的一個分支，也可以看成是具有層次性的機器學習法，源自於類神經網路（Artificial Neural Network）模型，並且結合了神經網路架構與大量的運算資源，目的在於讓機器建立與模擬人腦進行學習的神經網路，以解釋大數據中圖像、聲音和文字等多元資料。

- Demand Side Platform, DSP（需求方服務平台）
可以讓廣告主在平台上操作跨媒體的自動化廣告投放，像是設置廣告的目標受眾、投放的裝置或通路、競價方式、出價金額等等。

- Differentiated Marketing（差異化行銷）
現代企業為了提高行銷的附加價值，開始對每個顧客量身打造產品與服務，塑造個人化服務經驗與採用差異化行銷（Differentiated Marketing），蒐集並分析顧客的購買產品與習性，並針對不同顧客需求提供產品與服務，為顧客提供量身訂做的服務。

- Digital Marketing（數位行銷）
或稱為網路行銷（Internet Marketing），是一種雙向的溝通模式，能幫助無數電商網站創造訂單創造收入，本質其實和傳統行銷一樣，最終目的都是為了影響目標消費者（Target Audience），主要差別在於行銷溝通工具不同，現在則可透過網路通訊的數位性整合，使文字、聲音、影像與圖片可以結合在一起，讓行銷的標的變得更為生動與即時。

- Dimension（維度）
Google Analytics 報表中所有的可觀察項目都稱為「維度（Dimension）」，例如訪客的特徵：這位訪客是來自哪一個國家／地區，或是這位訪客是使用哪一種語言。

- Direct Traffic（直接流量）
  指訪問者直接輸入網址產生的流量，例如透過別人的電子郵件，然後透過信件中的連結到你的網站。

- Directory listing submission, DLS（網站登錄）
  如果想增加網站曝光率，最簡便的方式可以在知名的入口網站中登錄該網站的基本資料，讓眾多網友可以透過搜尋引擎找到，稱為「網站登錄」（Directory listing submission, DLS）。國內知名的入口及搜尋網站如 PChome、Google、Yahoo! 奇摩等，都提供有網站資訊登錄的服務。

- Down-sell（降價銷售）
  當顧客對於銷售產品或服務都沒有興趣時，唯一一個銷售策略就是降價銷售。

- E-commerce ecosystem（電子商務生態系統）
  則是指以電子商務為主體結合商業生態系統概念。

- E-Distribution（電子配銷商）
  是最普遍也最容易了解的網路市集，將數千家供應商的產品整合到單一線上電子型錄，一個銷售者服務多家企業，主要優點是銷售者可以為大量的客戶提供更好的服務，將數千家供應商的產品整合到單一電子型錄上。

- E-Learning（數位學習）
  是指在網際網路上建立一個方便的學習環境，在線上存取流通的數位教材，進行訓練與學習，讓使用者連上網路就可以學習到所需的知識，且與其他學習者互相溝通，不受空間與時間限制，也是知識經濟時代提升人力資源價值的新利器，可以讓學習者更方便、自主化的安排學習課程。

- Electronic Commerce, EC（電子商務）
  就是一種在網際網路上所進行的交易行為，等與「電子」加上「商務」，主要是將供應商、經銷商與零售商結合在一起，透過網際網路提供訂單、貨物及帳務的流動與管理。

- Electronic FundsTransfer, EFT（電子資金移轉或稱為電子轉帳）
  使用電腦及網路設備，通知或授權金融機構處理資金往來帳戶的移轉或調撥

行為。例如在電子商務的模式中，金融機構間之電子資金移轉（EFT）作業就是一種 B2B 模式。

■ Electronic Wallet（電子錢包）

是一種符合安全電子交易的電腦軟體，就是你在網路上購買東西時，可直接用電子錢包付錢，而不會看到個人資料，將可有效解決網路購物的安全問題。

■ Email Direct Marketing（電子報行銷）

依舊是企業經營老客戶的主要方式，多半是由使用者訂閱，再經由信件或網頁的方式來呈現行銷訴求。由於電子報費用相對低廉，加上可以追蹤，這種作法將會大大的節省行銷時間及提高成交率。

■ Email Marketing（電子郵件行銷）

含有商品資訊的廣告內容，以電子郵件的方式寄給不特定的使用者，除擁有成本低廉的優點外，更大的好處其實是能夠發揮「病毒式行銷」（Viral Marketing）的威力，創造互動分享（口碑）的價值。

■ E-MarketPlace（電子交易市集）

在全球電子商務發展中所扮演的角色日趨重要，改變了傳統商場的交易模式，透過網路與資訊科技輔助所形成的虛擬市集，本身是一個網路的交易平台，具有能匯集買主與供應商的功能，其實就是一個市場，各種買賣都在這裡進行。

■ Engaged time（互動時間）

了解網站內容和瀏覽者的互動關係，最理想的方式是紀錄他們實際上在網站互動與閱讀內容的時間。

■ Enterprise Information Portal, EIP（企業資訊入口網站）

是指在 Internet 的環境下，將企業內部各種資源與應用系統，整合到企業資訊的單一入口中。EIP 也是未來行動商務的一大利器，以企業內部的員工為對象，只要能夠無線上網，為顧客提供服務時，一旦臨時需要資料，都可以馬上查詢，讓員工幫你聰明地賺錢，還能更多元化的服務員工。

- **E-Procurement（電子採購商）**

  是擁有的許多線上供應商的獨立第三方仲介，因為它們會同時包含競爭供應商和競爭電子配銷商的型錄，主要優點是可以透過賣方的競標，達到降低價格的目的，有利於買方來控制價格。

- **E-Tailer（線上零售商）**

  是銷售產品與服務給個別消費者，而賺取銷售的收入，使製造商更容易地直接銷售產品給消費者，而除去中間商的部份。

- **Exit Page（離開網頁）**

  離開網頁是指於使用者工作階段中最後一個瀏覽的網頁。是指使用者瀏覽網站的過程中，訪客離開網站的最終網頁的機率。也就是說，離開率是計算網站多個網頁中的每一個網頁是訪客離開這個網站的最後一個網頁的比率。

- **Exit Rate（離站率）**

  訪客在網站上所有的瀏覽過程中，進入某網頁後離開網站的次數，除以所有進入包含此頁面的總次數。

- **Expert System, ES（專家系統）**

  是一種將專家（如醫生、會計師、工程師、證券分析師）的經驗與知識建構於電腦上，以類似專家解決問題的方式透過電腦推論某一特定問題的建議或解答。例如環境評估系統、醫學診斷系統、地震預測系統等都是大家耳熟能詳的專業系統。

- **eXtensible Markup Language, XML（可延伸標記語言）**

  中文譯為「可延伸標記語言」，可以定義每種商業文件的格式，並且能在不同的應用程式中都能使用，由全球資訊網路標準制定組織 W3C，根據 SGML 衍生發展而來，是一種專門應用於電子化出版平台的標準文件格式。

- **External link（反向連結）**

  就是從其他網站連到你的網站的連結，如果你的網站擁有優質的反向連結（例如：新聞媒體、學校、大企業、政府網站），代表你的網站越多人推薦，當反向連結的網站越多、就越被搜尋引擎所重視。

■ Extranet（商際網路）

是為企業上、下游各相關策略聯盟企業間整合所構成的網路，需要使用防火牆管理，通常 Extranet 是屬於 Intranet 的子網路，可將使用者延伸到公司外部，以便客戶、供應商、經銷商以及其它公司，可以存取企業網路的資源。

■ Featured Snippets（精選摘要）

Google 從 2014 年起，為了提升用戶的搜尋經驗與針對所搜尋問題給予最直接的解答，會從前幾頁的搜尋結果節錄適合的答案，並在 SERP 頁面最顯眼的位置產生出內容區塊（第 0 個位置），通常會以簡單的文字、表格、圖片、影片，或條列解答方式，內容包括商品、新聞推薦、國際匯率、運動賽事、電影時刻表、產品價格、天氣，與知識問答等，還會在下方帶出店家網站標題與網址。

■ Fifth-Generation（5G）

是行動電話系統第五代，也是 4G 之後的延伸，5G 技術是整合多項無線網路技術而來，包括幾乎所有以前幾代行動通訊的先進功能，對一般用戶而言，最直接的感覺是 5G 比 4G 又更快、更不耗電，預計未來將可實現 10Gbps 以上的傳輸速率。這樣的傳輸速度下可以在短短 6 秒中，下載 15GB 完整長度的高畫質電影。

■ File Transfer Protocol, FTP（檔案傳輸協定）

透過此協定，不同電腦系統，也能在網際網路上相互傳輸檔案。檔案傳輸分為兩種模式：下載（Download）和上傳（Upload）。

■ Financial Electronic Data Interchange, FEDI（金融電子資料交換）

是一種透過電子資料交換方式進行企業金融服務的作業介面，就是將 EDI 運用在金融領域，可作為電子轉帳的建置及作業環境。

■ Filter（過濾）

是指捨棄掉報表上不需要或不重要的數據。

■ Followers（追蹤訂閱）

增加訂閱人數，主動將網站新資訊傳送給他們，是提高品牌忠誠度與否的一大指標。

- **Fourth-generation（4G）**

  行動電話系統的第四代，是 3G 之後的延伸，為新一代行動上網技術的泛稱，傳輸速度理論值約比 3.5G 快 10 倍以上，能夠達成更多樣化與私人化的網路應用。LTE（Long Term Evolution, 長期演進技術）是全球電信業者發展 4G 的標準。

- **Fragmentation Era（碎片化時代）**

  代表現代人的生活被很多碎片化的內容所切割，因此想要抓住受眾的眼球越來越難，同樣的品牌接觸消費者的地點也越來越不固定，接觸消費者的時間越來越短暫，碎片時間搖身一變成為贏得消費者的黃金時間。

- **Fraud（作弊）**

  特別是指流量作弊。

- **Gamification Marketing（遊戲化行銷）**

  是指將遊戲中有好玩的元素與機制，透過行銷活動讓受眾「玩遊戲」，同時深化參與感，將你的目標客戶緊緊黏住，因此成了各個品牌不斷探索的新行銷模式。

- **Google AdWords（關鍵字廣告）**

  是一種 Google 推出的關鍵字行銷廣告，包辦所有 Google 的廣告投放服務，例如您可以根據目標決定出價策略，選擇正確的廣告出價類型，例如是否要著重在獲得點擊、曝光或轉換。Google Adwords 的運作模式就好像世界級拍賣會，瞄準你想要購買的關鍵字，出一個你覺得適合的價格，如果你的價格比別人高，你就有機會取得該關鍵字，並在該關鍵字曝光你的廣告。

- **Google Analytics, GA**

  Google 所提供的 Google Analytics（GA）就是一套免費且功能強大的跨平台網路行銷流量分析工具，能提供最新的數據分析資料，包括網站流量、訪客來源、行銷活動成效、頁面拜訪次數、訪客回訪等，幫助客戶有效追蹤網站數據和訪客行為，稱得上是全方位監控網站與 APP 完整功能的必備網站分析工具。

- **Google Analytics Tracking Code（Google Analytics 追蹤碼）**

  這組追蹤碼會追蹤到訪客在每一頁上所進行的行為，並將資料送到 Google

Analytics 資料庫，再透過各種演算法的運算與整理，再將這些資料以儲存起來，並在 Google Analytics 以各種類型的報表呈現。

■ **Google Data Studio**

是一套免費的資料視覺化製作報表的工具，它可以串接多種 Google 的資料，再將所取得的資料結合該工具的多樣圖表、版面配置、樣式設定…等功能，讓報表以更為精美的外觀呈現。

■ **Google Hummingbird（蜂鳥演算法）**

蜂鳥演算法與以前的熊貓演算法和企鵝演算法演算模式不同，主要是加入了自然語言處理（Natural Language Processing, NLP）的方式，讓 Google 使用者的查詢，與搜尋搜尋結果更精準且快速，還能打擊過度關鍵字填充，為大幅改善 Google 資料庫的準確性，針對用戶的搜尋意圖進行更精準的理解，去判讀使用者的意圖，期望是給用戶快速精確的答案，而不再是只是一大堆的相關資料。

■ **Google Play**

Google 也推出針對 Android 系統所提供的一個線上應用程式服務平台 Google Play，透過 Google Play 網頁可以尋找、購買、瀏覽、下載及評比使用手機免費或付費的 APP 和遊戲，Google Play 為一開放性平台，任何人都可上傳其所開發的應用程式。

■ **Google Panda（熊貓演算法）**

熊貓演算法主要是一種確認優良內容品質的演算法，負責從搜索結果中刪除內容整體品質較差的網站，目的是減少內容農場或劣質網站的存在，例如有複製、抄襲、重複或內容不良的網站，特別是避免用目標關鍵字填充頁面或使用不正常的關鍵字用語，這些將會是熊貓演算法首要打擊的對象，只要是原創品質好又經常更新內容的網站，一定會獲得 Google 的青睞。

■ **Google Penguin（企鵝演算法）**

我們知道連結是 Google SEO 的重要因素之一，企鵝演算法主要是為了避免垃圾連結與垃圾郵件的不當操縱，並確認優良連結品質的演算法，Google 希望網站的管理者應以產生優質的外部連結為目的，垃圾郵件或是操縱任何鏈接都不會帶給網站額外的價值，不要只是為了提高網站流量、排名，刻意製造相關性不高或虛假低品質的外部連結。

- **Graphics Processing Unit, GPU（圖形處理器）**
  可說是近年來科學計算領域的最大變革，是指以圖形處理單元（GPU）搭配 CPU，GPU 則含有數千個小型且更高效率的 CPU，不但能有效處理平行運算（Parallel Computing），還可以大幅增加運算效能。

- **Gray hat SEO（灰帽 SEO）**
  是一種介於黑帽 SEO 跟白帽 SEO 的優化模式，簡單來說，就是會有一點投機取巧，卻又不會嚴重的犯規，用險招讓網站承擔較小風險，遊走於規則的「灰色地帶」，因為這樣可以利用某些技巧藉來提升網站排名，同時又不會被搜尋引擎懲罰到，例如一些連結建置、交換連結、適當反覆使用關鍵字（盡量不違反 Google 原則）等及改寫別人文章，不過仍保有一定可讀性，也是目前很多 SEO 團隊比較偏好的優化方式。

- **Global Positioning System, GPS（全球定位系統）**
  是透過衛星與地面接收器，達到傳遞方位訊息、計算路程、語音導航與電子地圖等功能，目前有許多汽車與手機都安裝有 GPS 定位器作為定位與路況查詢之用。

- **Growth Hacking（成長駭客）**
  主要任務就是跨領域地結合行銷與技術背景，直接透過「科技工具」和「數據」的力量，在短時間內快速成長與達成各種增長目標，所以更接近「行銷 + 程式設計」的綜合體。成長駭客和傳統行銷相比，更注重密集的實驗操作和資料分析，目的是創造真正流量，達成增加公司產品銷售與顧客的營利績效。

- **Hadoop**
  源自 Apache 軟體基金會（Apache Software Foundation）底下的開放原始碼計劃（Open source project），為了因應雲端運算與大數據發展所開發出來的技術，使用 Java 撰寫並免費開放原始碼，用來儲存、處理、分析大數據的技術，兼具低成本、靈活擴展性、程式部署快速和容錯能力等特點。

- **Hashtag（主題標籤）**
  只要在字句前加上 #，便形成一個標籤，用以搜尋主題，是目前社群網路上相當流行的行銷工具，不但已經成為品牌行銷重要一環，可以利用時下熱門的關鍵字，並以 Hashtag 方式提高曝光率。

- Heat map（熱度圖、熱感地圖）

  在一個圖上標記哪項廣告經常被點選，是獲得更多關注的部分，可瞭解使用者有興趣的瀏覽區塊。

- High Performance Computing, HPC（高效能運算）

  透過應用程式平行化機制，就是在短時間內完成複雜、大量運算工作，專門用來解決耗用大量運算資源的問題。

- Horizontal Market（水平式電子交易市集）

  水平式電子交易市集的產品是跨產業領域，可以滿足不同產業的客戶需求。此類網站的交易商品，都是一些具標準化流程與服務性商品，同時也比較不需要個別產業專業知識與銷售與服務，可以經由電子交易市集可進行統一採購，讓所有企業對非專業的共同業務進行採買或交易。

- Host Card Emulation, HCE（主機卡模擬）

  Google 於 2013 年底所推出的行動支付方案，可以透過 APP. 或是雲端服務來模擬 SIM 卡的安全元件。HCE（Host Card Emulation）的加入已經悄悄點燃了行動支付大戰，僅需 Android 5.0（含）版本以上且內建 NFC 功能的手機，申請完成後卡片資訊（信用卡卡號）將會儲存於雲端支付平台，交易時由手機發出一組虛擬卡號與加密金鑰來驗證，驗證通過後才能完成感應交易，能避免刷卡時卡片資料外洩的風險。

- Hotspot（熱點）

  是指在公共場所提供無線區域網路（WLAN）服務的連結地點，讓大眾可以使用筆記型電腦或 PDA，透過熱點的「無線網路橋接器」（AP）連結上網際網路，無線上網的熱點愈多，無線上網的涵蓋區域便愈廣。

- Hunger Marketing（飢餓行銷）

  是以「賣完為止、僅限預購」來創造行銷話題，製造產品一上市就買不到的現象，促進消費者購買該產品的動力，讓消費者覺得數量有限而不買可惜。

- Hypertext Markup Language, HTML

  標記語言是一種純文字型態的檔案，以一種標記的方式來告知瀏覽器將以何種方式來將文字、圖像等多媒體資料呈現於網頁之中。通常要撰寫網頁的 HTML 語法時，只要使用 Windows 預設的記事本就可以了。

- Impression, IMP（曝光數）

  經由廣告到網友所瀏覽的網頁上一次即為曝光數一次。

- Intellectual Property Rights, IPR（智慧財產權）

  劃分為著作權、專利權、商標權等三個範疇進行保護規範，這三種領域保護的智慧財產權並不相同，在制度的設計上也有所差異，例如發明專利、文學和藝術作品、表演、錄音、廣播、標誌、圖像、產業模式、商業設計等等。

- Internal link（內部連結）

  內部連結指的是在同一個網站上向另一個頁面的超連結對於在超連結前或後的文字或圖片。

- Internet（網際網路）

  最簡單的說法就是一種連接各種電腦網路的網路，以 TCP/IP 為它的網路標準，也就是說只要透過 TCP/IP 協定，就能享受 Internet 上所有一致性的服務。網際網路上並沒有中央管理單位的存在，而是數不清的個人網路或組織網路，這網路聚合體中的每一成員自行營運與負擔費用。

- Internet Bank（網路銀行）

  係指客戶透過網際網路與銀行電腦連線，無須受限於銀行營業時間、營業地點之限制，隨時隨地從事資金調度與理財規劃，並可充分享有隱密性與便利性，即可直接取得銀行所提供之各項金融服務，現代家庭中有許多五花八門的帳單，都可以透過電腦來進行網路轉帳與付費。

- Internet Celebrity Marketing（網紅行銷）

  並非是一種全新的行銷模式，就像過去品牌找名人代言，主要是透過與藝人結合，提升本身品牌價值，相對於企業砸重金請明星代言，網紅的推薦甚至可以讓廠商業績翻倍，素人網紅似乎在目前的行動平台更具說服力，逐漸地取代過去以明星代言的行銷模式。

- Internet Content Provider, ICP（線上內容提供者）

  是向消費者提供網際網路資訊服務和增值業務，主要提供有智慧財產權的數位內容產品與娛樂，包括期刊、雜誌、新聞、CD、影帶、線上遊戲等。

- Internet of Things, IOT（物聯網）

  是近年資訊產業中一個非常熱門的議題，被認為是網際網路興起後足以改變

世界的第三次資訊新浪潮，它的特性是將各種具裝置感測設備的物品，例如 RFID、環境感測器、全球定位系統（GPS）、雷射掃描器等裝置與網際網路結合起來而形成的一個巨大網路系統，並透過網路技術讓各種實體物件、自動化裝置彼此溝通和交換資訊，也就是透過網路把所有東西都連結在一起。

■ Internet Marketing（網路行銷）

藉由行銷人員將創意、商品及服務等構想，利用通訊科技、廣告促銷、公關及活動方式在網路上執行。

■ Intranet（企業內部網路）

則是指企業體內的 Internet，將 Internet 的產品與觀念應用到企業組織，透過 TCP/IP 協定來串連企業內外部的網路，以 Web 瀏覽器作為統一的使用者界面，更以 Web 伺服器來提供統一服務窗口。

■ JavaScript

是一種直譯式（Interpret）的描述語言，是在客戶端（瀏覽器）解譯程式碼，內嵌在 HTML 語法中，當瀏覽器解析 HTML 文件時就會直譯 JavaScript 語法並執行，JavaScript 不只能讓我們隨心所欲控制網頁的介面，也能夠與其他技術搭配做更多的應用。

■ jQuery

是一套開放原始碼的 JavaScript 函式庫（Library），可以說是目前最受歡迎的 JS 函式庫，不但簡化了 HTML 與 JavaScript 之間與 DOM 文件的操作，讓我們輕鬆選取物件，並以簡潔的程式完成想做的事情，也可以透過 jQuery 指定 CSS 屬性值，達到想要的特效與動畫效果。

■ Keyword（關鍵字）

就是與各位網站內容相關的重要名詞或片語，也就是在搜尋引擎上所搜尋的一組字，例如：企業名稱、網址、商品名稱、專門技術、活動名稱等。

■ Keyword Advertisements（關鍵字廣告）

是許多商家網路行銷的入門選擇之一，它的功用可以讓店家的行銷資訊在搜尋關鍵字時，會將店家所設定的廣告內容曝光在搜尋結果最顯著的位置，讓各位以最簡單直接的方式，接觸到搜尋該關鍵字的網友所而產生的商機。

- Landing Page（到達頁）

  到達網頁是指使用者拜訪網站的第一個網頁，這一個網頁不一定是該網站的首頁，只要是網站內所有的網頁都可能是到達網頁。到達頁和首頁最大的不同，就是到達頁只有一個頁面就要完成讓訪客馬上吸睛的任務，通常這個頁面是以誘人的文案請求訪客完成購買或登記。

- Law of Diminishing Firms（公司遞減定律）

  由於摩爾定律及梅特卡菲定律的影響之下，專業分工、外包、策略聯盟、虛擬組織將比傳統業界來的更經濟及更有績效，形成一價值網路（Value Network），而使得公司的規模有遞減的現象。

- Law of Disruption（擾亂定律）

  結合了「摩爾定律」與「梅特卡夫定律」的第二級效應，主要是指出社會、商業體制與架構以漸進的方式演進，但是科技卻以幾何級數發展，速度遠遠落後於科技變化速度，當這兩者之間的鴻溝愈來愈擴大，使原來的科技、商業、社會、法律間的平衡被擾亂，因此產生了所謂的失衡現象，就愈可能產生革命性的創新與改變。

- LINE Pay

  主要以網路店家為主，將近 200 個品牌都可以支付，LINE Pay 支付的通路相當多元化，越來越多商家加入 LINE 購物平台，可讓您透過信用卡或現金儲值，信用卡只需註冊一次，同時支援線上與實體付款，而且 Line pay 累積點數非常快速，且許多通路都可以使用點數折抵。

- Location Based Service, LBS（定址服務）

  或稱為「適地性服務」，就是行動行銷中相當成功的環境感知的種創新應用，就是指透過行動隨身設備的各式感知裝置，例如當消費者在到達某個商業區時，可以利用手機快速查詢所在位置周邊的商店、場所以及活動等即時資訊。

- Logistics（物流）

  是電子商務模型的基本要素，定義是指產品從生產者移轉到經銷商、消費者的整個流通過程，透過有效管理程序，並結合包括倉儲、裝卸、包裝、運輸等相關活動。

■ Long Tail Keyword（長尾關鍵字）

是網頁上相對不熱門，不過也可以帶來搜索流量，但接近主要關鍵字的關鍵字詞。

■ Long Term Evolution, LTE（長期演進技術）

是以現有的 GSM/UMTS 的無線通信技術為主來發展，不但能與 GSM 服務供應商的網路相容，用戶在靜止狀態的傳輸速率達 1 Gbps，而在行動狀態也可以達到最快的理論傳輸速度 170Mbps 以上，是全球電信業者發展 4G 的標準。例如各位傳輸 1 個 95M 的影片檔，只要 3 秒鐘就完成。

■ Machine Learning, ML（機器學習）

機器通過演算法來分析數據、在大數據中找到規則，機器學習是大數據發展的下一個進程，可以發掘多資料元變動因素之間的關聯性，進而自動學習並且做出預測，充分利用大數據和演算法來訓練機器。

■ Marketing Mix（行銷組合）

可以看成是一種協助企業建立各市場系統化架構的元素，藉著這些元素來影響市場上的顧客動向。美國行銷學學者麥卡錫教授（Jerome McCarthy）在 20 世紀的 60 年代提出了著名的 4P 行銷組合，所謂行銷組合的 4P 理論是指行銷活動的四大單元，包括產品（Product）、價格（Price）、通路（Place）與促銷（Promotion）等四項。

■ Market Segmentation（市場區隔）

是指任何企業都無法滿足所有市場的需求，應該著手建立產品的差異化，行銷人員根據市場的觀察進行判斷，在經過分析市場的機會後，接著便在該市場中選擇最有利可圖的區隔市場，並且集中企業資源與火力，強攻下該市場區隔的目標市場。

■ Merchandise Turnover Rate（商品迴轉率）

指商品從入庫到售出時所經過的這一段時間和效率，也就是指固定金額的庫存商品在一定的時間內週轉的次數和天數，可以作為零售業的銷售效率或商品生產力的指標。

■ Metcalfe's Law（梅特卡夫定律）

是一種網路技術發展規律，也就是使用者越多，其價值便大幅增加，對原來的使用者而言，反而產生的效用會越大。

- **Metrics（指標）**

  觀察項目量化後的數據被稱為「指標（metrics）」，也就是進一步觀察該訪客的相關細節，這是資料的量化評估方式。舉例來說，「語言」維度可連結「使用者」等指標，在報表中就可以觀察到特定語言所有使用者人數的總計值或比率。

- **Micro Film（微電影）**

  又稱為「微型電影」，它是在一個較短時間且較低預算內，把故事情節或角色／場景，以視訊方式傳達其理念或品牌，適合在短暫的休閒時刻或移動的情況下觀賞。

- **Mobile-Friendliness（行動友善度）**

  就是讓行動裝置操作環境能夠盡可能簡單化與提供使用者最佳化行動瀏覽體驗，包括閱讀時的舒適程度，介面排版簡潔、流暢的行動體驗、點選處是否有足夠空間、字體大小、橫向滾動需求、外掛程式是否相容等等。

- **Mixed Reality（混合實境）**

  介於 AR 與 VR 之間的綜合模式，打破真實與虛擬的界線，同時擷取 VR 與 AR 的優點，透過頭戴式顯示器將現實與虛擬世界的各種物件進行更多的結合與互動，產生全新的視覺化環境，並且能夠提供比 AR 更為具體的真實感，未來很有可能會是視覺應用相關技術的主流。

- **Mobile Advertising（行動廣告）**

  就是在行動平臺上做的廣告，與一般傳統與網路廣告的方式並不相同，擁有隨時隨地互動的特性與一般傳統廣告的方式並不相同。

- **Mobile Commerce, m-Commerce（行動商務）**

  電商發展最新趨勢，不但促進了許多另類商機的興起，更有可能改變現有的產業結構。自從 2015 年開始，現代人人手一機，人們的視線已經逐漸從電視螢幕轉移到智慧型手機上，從網路優先（Web First）向行動優先（Mobile First）靠攏的數位浪潮上，而且這股行銷趨勢越來越明顯。

- **Mobile Marketing（行動行銷）**

  主要是指伴隨著手機和其他以無線通訊技術為基礎的行動終端的發展而逐漸成長起來的一種全新的行銷方式，不僅突破了傳統定點式網路行銷受到空間與時間的侷限，也就是透過行動通訊網路來進行的商業交易行為。

- Mobile Payment（行動支付）

  就是指消費者通過手持式行動裝置對所消費的商品或服務進行帳務支付的一種方式，很多人以為行動支付就是用手機付款，其實手機只是一個媒介，平板電腦、智慧手錶，只要可以連網，都可以拿來做為行動支付。

- Moore's law（摩爾定律）

  表示電子計算相關設備不斷向前快速發展的定律，主要是指一個尺寸相同的IC 晶片上，所容納的電晶體數量，因為製程技術的不斷提升與進步，每隔約十八個月會加倍，執行運算的速度也會加倍，但製造成本卻不會改變。

- Multi-Channel（多通路）

  是指企業採用兩條或以上完整的零售通路進行銷售活動，每條通路都能完成銷售的所有功能，例如同時採用直接銷售、電話購物或在 PChome 商店街上開店，也擁有自己的品牌官方網站，就是每條通路都能完成買賣的功能。

- Native Advertising（原生廣告）

  一種讓大眾自然而然閱讀下去，不容易發現自己在閱讀廣告的廣告形式，讓訪客瀏覽體驗時的干擾降到最低，不僅傳達產品廣告訊息，也提升使用者的接受度。

- Natural Language Processing, NLP（自然語言處理）

  就是讓電腦擁有理解人類語言的能力，也就是一種藉由大量的文本資料搭配音訊數據，並透過複雜的數學聲學模型（Acoustic model）及演算法來讓機器去認知、理解、分類並運用人類日常語言的技術。

- Nav tag（nav 標籤）

  能夠設置網站內的導航區塊，可以用來連結到網站其他頁面，或者連結到網站外的網頁，例如主選單、頁尾選單等，能讓搜尋引擎把這個標籤內的連結視為重要連結。

- Near Field Communication, NFC（近場通訊）

  是由 PHILIPS、NOKIA 與 SONY 共同研發的一種短距離非接觸式通訊技術，可在您的手機與其他 NFC 裝置之間傳輸資訊，例如手機、NFC 標籤或支付裝置，因此逐漸成為行動交易、行銷接收工具的最佳解決方案。

■ Network Economy（網路經濟）

是一種分散式的經濟，帶來了與傳統經濟方式完全不同的改變，最重要的優點就是可以去除傳統中間化，降低市場交易成本，整個經濟體系的市場結構也出現了劇烈變化，這種現象讓自由市場更有效率地靈活運作。

■ Network Effect（網路效應）

對於網路經濟所帶來的效應而言，有一個很大的特性就是產品的價值取決於其總使用人數，透過網路無遠弗屆的特性，一旦使用者數目跨過門檻，也就是越多人有這個產品，那麼它的價值自然越高，登時展開噴出行情。

■ New Visit（新造訪）

沒有任何造訪紀錄的訪客，數字愈高表示廣告成功地吸引了全新的消費訪客。

■ Nofollow tag（nofollow 標籤）

由於連結是影響搜尋排名的其中一項重要指標，nofollow 標籤就是用於向搜尋引擎表示目前所處網站與特定網站之間沒有關連，這個標籤是在告訴搜尋引擎，不要前往這個連結指向的頁面，也不要將這個連結列入權重。

■ Omni-Channel（全通路）

全通路是利用各種通路為顧客提供交易平台，以消費者為中心的 24 小時營運模式，並且消除各個通路間的壁壘，以前所未見的速度與範圍連結至所有消費者，包括在實體和數位商店之間的無縫轉換，去真正滿足消費者的需要，提供了更客製化的行銷服務，不管是透過線上或線下都能達到最佳的消費體驗。

■ Online Analytical Processing, OLAP（線上分析處理）

可被視為是多維度資料分析工具的集合，使用者在線上即能完成的關聯性或多維度的資料庫（例如資料倉儲）的資料分析作業並能即時快速地提供整合性決策。

■ Online and Offline（ONO）

就是將線上網路商店與線下實體店面能夠高度結合的共同經營模式，從而實現線上線下資源互通，雙邊的顧客也能彼此引導與消費的局面。

- Online Broker（線上仲介商）

  主要的工作是代表其客戶搜尋適當的交易對象，並協助其完成交易，藉以收取仲介費用，本身並不會提供商品，包括證券網路下單、線上購票等。

- Online Community Provider, OCP（線上社群提供者）

  是聚集相同興趣的消費者形成一個虛擬社群來分享資訊、知識、甚或販賣相同產品。多數線上社群提供者會提供多種讓使用者互動的方式，可以為聊天、寄信、影音、互傳檔案等。

- Online interacts with Offline（OIO）

  就是線上線下互動經營模式，近年電商業者陸續建立實體據點與體驗中心，即除了電商提供網購服務之外，並協助實體零售業者在既定的通路基礎上，可以給予消費者與商品面對面接觸，並且為消費者提供交貨或者送貨服務，彌補了電商平台經營服務的不足。

- Offlinemobile Online（OMO 或 O2M）

  更強調的是行動端，打造線上 - 行動 - 線下三位一體的全通路模式，形成實體店家、網路商城、與行動終端深入整合行銷，並在線下完成體驗與消費的新型交易模式。

- Online Service Offline（OSO）

  所謂 OSO（Online Service Offline）模式並不是線上與線下的簡單組合，而是結合 O2O 模式與 B2C 的行動電商模式，把用戶服務納入進來的新型電商運營模式即線上商城 + 直接服務 + 線下體驗。

- Offline to Online（反向 O2O）

  從實體通路連回線上，消費者可透過在線下實際體驗後，透過 QR code 或是行動終端連結等方式，引導消費者到線上消費，並且在線上平台完成購買並支付。

- Online to Offline（O2O）

  O2O 模式就是整合「線上（Online）」與「線下（Offline）」兩種不同平台所進行的一種行銷模式，也就是將網路上的購買或行銷活動帶到實體店面的模式。

■ On-Line Transaction Processing, OLTP（線上交易處理）

是指經由網路與資料庫的結合，以線上交易的方式處理一般即時性的作業資料。

■ Organic Traffic（自然流量）

指訪問者通過搜尋引擎，由搜尋結果進去你的網站的流量，通常品質是較好。

■ Page View, PV（頁面瀏覽次數）

是指在瀏覽器中載入某個網頁的次數，如果使用者在進入網頁後按下重新載入按鈕，就算是另一次網頁瀏覽。簡單來說就是瀏覽的總網頁數。數字越高越好，表示你的內容被閱讀的次數越多。

■ Paid Search（付費搜尋流量）

這類管道和自然搜尋有一點不同，它不像自然搜尋是免費的，反而必須付費的，例如 Google、Yahoo 關鍵字廣告（如 Google Ads 等關鍵字廣告），讓網站能夠在特定搜尋中置入於搜尋結果頁面，簡單的說，它是透過搜尋引擎上的付費廣告的點擊進入到你的網站。

■ Parallel Processing（平行處理）

這種技術是同時使用多個處理器來執行單一程式，借以縮短運算時間。其過程會將資料以各種方式交給每一顆處理器，為了實現在多核心處理器上程式性能的提升，還必須將應用程式分成多個執行緒來執行。

■ PayPal

是全球最大的線上金流系統與跨國線上交易平台，適用於全球 203 個國家，屬於 ebay 旗下的子公司，可以讓全世界的買家與賣家自由選擇購物款項的支付方式。

■ PayPer Click, PPC（點擊數收費）

就是一種按點擊數付費廣告方式，是指搜尋引擎的付費競價排名廣告推廣形式，就是按照點擊次數計費，不管廣告曝光量多少，沒人點擊就不用付錢，多數新手都會使用單次點擊出價。

■ Pay per Mille, PPM（廣告千次曝光費用）

這種收費方式是以曝光量計費也，就是廣告曝光一千次所要花費的費用，就

算沒有產生任何點擊,只要千次曝光就會計費,這種方式對商家的風險較大,不過最適合加深大眾印象,需要打響商家名稱的廣告客戶,並且可將廣告投放於有興趣客戶。

- Pop-Up Ads(彈出式廣告）
當網友點選連結進入網頁時,會彈跳出另一個子視窗來播放廣告訊息,強迫使用者接受,並連結到廣告主網站。

- Portal(入口網站)
是進入 WWW 的首站或中心點,它讓所有類型的資訊能被所有使用者存取,提供各種豐富個別化的服務與導覽連結功能。當各位連上入口網站的首頁,可以藉由分類選項來達到各位要瀏覽的網站,同時也提供許多的服務,諸如:搜尋引擎、免費信箱、拍賣、新聞、討論等,例如 Yahoo、Google、蕃薯藤、新浪網等。

- Porter five forces analysis(五力分析模型)
全球知名的策略大師麥可・波特(Michael E. Porter)於 80 年代提出以五力分析模型(Porter five forces analysis)作為競爭策略的架構,他認為有 5 種力量促成產業競爭,每一個競爭力都是為對稱關係,透過這五方面力的分析,可以測知該產業的競爭強度與獲利潛力,並且有效的分析出客戶的現有競爭環境。五力分別是供應商的議價能力、買家的議價能力、潛在競爭者進入的能力、替代品的威脅能力、現有競爭者的競爭能力。

- Positioning(市場定位)
是檢視公司商品能提供之價值,向目標市場的潛在顧客介紹商品的價值。品牌定位是 STP 的最後一個步驟,也就是針對作好的市場區隔及目標選擇,為企業立下一個明確不可動搖的層次與品牌印象。

- Pre-roll(插播廣告)
影片播放之前的插播廣告。

- Private Cloud(私有雲)
是將雲基礎設施與軟硬體資源建立在防火牆內,以供機構或企業共享數據中心內的資源。

■ **Public Cloud（公用雲）**

是透過網路及第三方服務供應者，提供一般公眾或大型產業集體使用的雲端基礎設施，通常公用雲價格較低廉。

■ **Publisher（出版商）**

平台上的個體，廣告賣方，例如媒體網站 Blogger 的管理者，以提供網站固定版位給予廣告主曝光。例如 Facebook 發展至今，已經成為網路出版商（Online Publishers）的重要平台。

■ **Quick Response Code, QR Code**

是在 1994 年由日本 Denso-Wave 公司發明，利用線條與方塊所除了文字之外，還可以儲存圖片、記號等相關資訊。QR Code 連結行銷相關的應用相當廣泛，可針對不同屬性活動搭配不同的連結內容。

■ **Radio Frequency IDentification, RFID（無線射頻辨識技術）**

是一種自動無線識別數據獲取技術，可以利用射頻訊號以無線方式傳送及接收數據資料，例如在所出售的衣物貼上晶片標籤，透過 RFID 的辨識，可以進行衣服的管理，例如全球最大的連鎖通路商 Wal-Mart 要求上游供應商在貨品的包裝上裝置 RFID 標籤，以便隨時追蹤貨品在供應鏈上的即時資訊。

■ **Reach（觸及）**

一定期間內，用來記錄廣告至少一次觸及到多少人的總數。

■ **Referral Traffic（推薦流量）**

其他網站上有你的網站連結，訪客透過點擊連結，進去你的網站的流量。

■ **Real-time bidding , RTB（即時競標）**

即時競標為近來新興的目標式廣告模式，相當適合強烈網路廣告需求的電商業者，由程式瞬間競標拍賣方式，廣告購買方對某一個曝光出價，價高者得標，贏家的廣告會馬上出現在媒體廣告版位，可以提升廣告主的廣告投放效益。至於無得標（Zero Win Rate）則是在即時競價（RTB）中，沒有任何特定廣告買主得標的狀況。

■ **Referral（參照連結網址）**

Google Analytics 會自動識別是透過第三方網站上的連結而連上你的網站，這類流量來源則會被認定為參照連結網址，也就是從其他網站到我們網站的流量。

- Relationship Marketing（關係行銷）
  是以一種建構在「彼此有利」為基礎的觀念，強調銷售是關係的開始，而非交易的結束，發展出了解顧客需求，而進行顧客服務，以建立並維持與個別顧客的關係，謀求雙方互惠的利益。

- Repeat Visitor（重複訪客）
  訪客至少有一次或以上造訪紀錄。

- Responsive Web Design, RWD
  RWD 開發技術已成了新一代的電商網站設計趨勢，因為 RWD 被公認為是能夠對行動裝置用戶提供最佳的視覺體驗，原理是使用 CSS3 以百分比的方式來進行網頁畫面的設計，在不同解析度下能自動改變網頁頁面的佈局排版，讓不同裝置都能以最適合閱讀的網頁格式瀏覽同一網站，不用一直忙著縮小放大拖曳，給使用者最佳瀏覽畫面。

- Retention time（停留時間）
  是指瀏覽者或消費者在網站停留的時間。

- Return of Investment, ROI（投資報酬率）
  指通過投資一項行銷活動所得到的經濟回報，以百分比表示，計算方式為淨收入（訂單收益總額 – 投資成本）除以「投資成本」。

- Return on Ad Spend, ROAS（廣告收益比）
  計算透過廣告所有花費所帶來的收入比率。

- Revolving-door Effect（旋轉門效應）
  許多企業往往希望不斷的拓展市場，經常把焦點放在吸收新顧客上，卻忽略了手邊原有的舊客戶，如此一來，也就是費盡心思地將新顧客拉進來時，被忽略的舊用戶又從後門悄悄的溜走了。

- Segmentation（市場區隔）
  是指任何企業都無法滿足所有市場的需求，應該著手建立產品的差異化，企業在經過分析市場的機會後，接著便在該市場中選擇最有利可圖的區隔市場，並且集中企業資源與火力，強攻下該市場區隔的目標市場。

- **Search Engine Results Page, SERP（搜尋結果頁面）**

  是使用關鍵字，經搜尋引擎根據內部網頁資料庫查詢後，所呈現給使用者的自然搜尋結果的清單頁面，SERP 的排名是越前面越好。

- **Search Engine Marketing, SEM（搜尋引擎行銷）**

  指的是與搜尋引擎相關的各種直接或間接行銷行為，由於傳播力量強大，吸引了許許多多網路行銷人員與店家努力經營。廣義來說，也就是利用搜尋引擎進行數位行銷的各種方法，包括增進網站的排名、購買付費的排序來增加產品的曝光機會、網站的點閱率與進行品牌的維護。

- **Search Engine Optimization, SEO（搜尋引擎最佳化）**

  也稱作搜尋引擎優化，是近年來相當熱門的網路行銷方式，就是一種讓網站在搜尋引擎中取得 SERP 排名優先方式，終極目標就是要讓網站的 SERP 排名能夠到達第一。

- **Secure Electronic Transaction, SET（安全電子交易機制）**

  由信用卡國際大廠 VISA 及 MasterCard，在 1996 年共同制定並發表的安全交易協定，並陸續獲得 IBM、Microsoft、HP 及 Compaq 等軟硬體大廠的支持，加上 SET 安全機制採用非對稱鍵值加密系統的編碼方式，並採用知名的 RSA 及 DES 演算法技術，讓傳輸於網路上的資料更具有安全性。

- **Secure Socket Layer, SSL（網路安全傳輸協定）**

  於 1995 年間由網景（Netscape）公司所提出，是一種 128 位元傳輸加密的安全機制，目前大部分的網頁伺服器或瀏覽器，都能夠支援 SSL 安全機制。

- **Service Provider（服務提供者）**

  是比傳統服務提供者更有價值、便利與低成本的網站服務，收入可包括訂閱費或手續費。例如翻開報紙的求職欄，幾乎都被五花八門分類小廣告佔領所有廣告版面，而一般正當的公司企業，除了偶爾刊登求才廣告來塑造公司形象外，大部分都改由網路人力銀行中尋找人才。

- **Session（工作階段）**

  工作階段（Session）代表指定的一段時間範圍內在網站上發生的多項使用者互動事件；舉例來說，一個工作階段可能包含多個網頁瀏覽、滑鼠點擊事件、社群媒體連結和金流交易。當一個工作階段的結束，可能就代表另一個工作階段的開始。一位使用者可開啟多個工作階段。

- **Sharing Economy（共享經濟）**

  這種模式正在日漸成長，共享經濟的成功取決於建立互信，以合理的價格與他人共享資源，同時讓閒置的商品和服務創造收益，讓有需要的人得以較便宜的代價借用資源。

- **Shopping Cart Abandonment, CTAR（購物車放棄率）**

  是指顧客最後拋棄購物車的數量與總購物車成交數量的比例。

- **Six Degrees of Separation（六度分隔理論）**

  哈佛大學心理學教授米爾格藍（Stanely Milgram）所提出的「六度分隔理論」（Six Degrees of Separation, SDS）運作，是說在人際網路中，要結識任何一位陌生的朋友，中間最多只要通過六個朋友就可以。換句話說，最多只要透過六個人，你就可以連結到全世界任何一個人。例如像 Facebook 類型的 SNS 網路社群就是六度分隔理論的最好證明。

- **Social Media Marketing（社群行銷）**

  就是透過各種社群媒體網站，讓企業吸引顧客注意而增加流量的方式。由於大家都喜歡在網路上分享與交流，透過朋友間的串連、分享、社團、粉絲頁與動員令的高速傳遞，創造了互動性與影響力強大的平台，進而提高企業形象與顧客滿意度，並間接達到產品行銷及消費，所以被視為是便宜又有效的行銷工具。

- **Social Networking Service, SNS（社群網路服務）**

  Web 2.0 體系下的一個技術應用架構，隨著各類部落格及社群網站（SNS）的興起，網路傳遞的主控權已快速移轉到網友手上，從早期的 BBS、論壇，一直到近期的部落格、Plurk（噗浪）、Twitter（推特）、Pinterest、Instagram、微博、Facebook 或 YouTube 影音社群，主導了整個網路世界中人跟人的對話。

- **Social、Location、Mobile , SoLoMo（SoLoMo 模式）**

  是由 KPCB 合夥人約翰、杜爾（John Doerr）在 2011 年提出的一個趨勢概念，強調「在地化的行動社群活動」，主要是因為行動裝置的普及和無線技術的發展，讓 Social（社交）、Local（在地）、Mobile（行動）三者合一能更為緊密結合。

- Social Traffic（社交媒體流量）

  社交（Social）媒體是指透過社群網站的管道來拜訪你的網站的流量，例如 Facebook、IG、Google+，當然來自社交媒體也區分為免費及付費，藉由這些管量的流量分析，可以作為投放廣告方式及預算的決策參考。

- Spam（垃圾郵件）

  網路上亂發的垃圾郵件之類的廣告訊息。

- Spark

  Apache Spark 是由加州大學柏克萊分校的 AMPLab 所開發，是目前大數據領域最受矚目的開放原始碼（BSD 授權條款）計畫，Spark 相當容易上手使用，可以快速建置演算法及大數據資料模型，目前許多企業也轉而採用 Spark 做為更進階的分析工具，也是目前相當看好的新一代大數據串流運算平台。

- Start Page（起始網頁）

  訪客用來搜尋您網站的網頁。

- Stay at Home Economic（宅經濟）

  這個名詞迅速火紅，在許多報章雜誌中都可以看見它的身影，「宅男、宅女」這名詞是從日本衍生而來，指許多整天呆坐在家中看 DVD、玩線上遊戲等地消費群，在這一片不景氣當中，宅經濟帶來的「宅」商機卻創造出另一個經濟奇蹟，也為遊戲產業注入一股新的活水。

- Streaming Media（串流媒體）

  是近年來熱門的一種網路多媒體傳播方式，它是將影音檔案經過壓縮處理後，再利用網路上封包技術，將資料流不斷地傳送到網路伺服器，而用戶端程式則會將這些封包一一接收與重組，即時呈現在用戶端的電腦上，讓使用者可依照頻寬大小來選擇不同影音品質的播放。

- Structured Data（結構化資料）

  則是目標明確，有一定規則可循，每筆資料都有固定的欄位與格式，偏向一些日常且有重覆性的工作，例如薪資會計作業、員工出勤記錄、進出貨倉管記錄等。

■ Structured Schema（結構化資料）

是指放在網站後台的一段 HTML 中程式碼與標記，用來簡化並分類網站內容，讓搜尋引擎可以快速理解網站，好處是可以讓搜尋結果呈現最佳的表現方式，然後依照不同類型的網站就會有許多不同資訊分類，例如在健身網頁上，結構化資料就能分類工具、體位和體脂肪、熱量、性別等內容。

■ Supply Chain（供應鏈）

觀念源自於物流（Logistics），目標是將上游零組件供應商、製造商、流通中心，以及下游零售商上下游供應商成為夥伴，以降低整體庫存之水準或提高顧客滿意度為宗旨。

■ Supply Chain Management, SCM（供應鏈管理）

理論的目標是將上游零組件供應商、製造商、流通中心，以及下游零售商上下游供應商成為夥伴，以降低整體庫存之水準或提高顧客滿意度為宗旨。如果企業能作好供應鏈的管理，可大為提高競爭優勢，而這也是企業不可避免的趨勢。

■ Supply Side Platform, SSP（供應方平台）

幫助網路媒體（賣方，如部落格、FB 等），託管其廣告位和廣告交易，就是擁有流量的一方，出版商能夠在 SSP 上管理自己的廣告位，可以獲得最高的有效展示費用。

■ SWOT Analysis（SWOT 分析）

是由世界知名的麥肯錫咨詢公司所提出，又稱為態勢分析法，是一種很普遍的策略性規劃分析工具。當使用 SWOT 分析架構時，可以從對企業內部優勢與劣勢與面對競爭對手所可能的機會與威脅來進行分析，然後從面對的四個構面深入解析，分別是企業的優勢（Strengths）、劣勢（Weaknesses）、與外在環境的機會（Opportunities）和威脅（Threats），就此四個面向去分析產業與策略的競爭力。

■ Target Audience, TA（目標受眾）

又稱為目標顧客，是一群有潛在可能會喜歡你品牌、產品或相關服務的消費者，也就是一群「對的消費者」。

- **Targeting（市場目標）**

  是指完成了市場區隔後，我們就可以依照我們的區隔來進行目標的選擇，把這適合的目標市場當成你的最主要的戰場，將目標族群進行更深入的描述，設定那些最可能族群，從中選擇適合的區隔做為目標對象。

- **Target Keyword（目標關鍵字）**

  就是網站確定的主打關鍵字，也就是網站上目標使用者搜索量相對最大與最熱門的關鍵字，會為網站帶來大多數的流量，並在搜尋引擎中獲得排名的關鍵字。

- **The Long Tail（長尾效應）**

  克裡斯・安德森（Chris Anderson）於 2004 年首先提出長尾效應（The Long Tail）的現象，也顛覆了傳統以暢銷品為主流的觀念，過去一向不被重視，在統計圖上像尾巴一樣的小眾商品，因為全球化市場的來臨，即眾多小市場匯聚成可與主流大市場相匹敵的市場能量，可能就會成為具備意想不到的大商機，足可與最暢銷的熱賣品匹敵。

- **The Sharing Economy（共享經濟）**

  這樣的經濟體系是讓個人都有額外創造收入的可能，就是透過網路平台所有的產品、服務都能被大眾使用、分享與出租的概念，例如類似計程車「共乘服務」（Ride-sharing Service）的 Uber。

- **The Two Tap Rule（兩次點擊原則）**

  一旦你打開你的 APP，如果要點擊兩次以上才能完成使用程序，就應該馬上重新設計。

- **Third-Party Payment（第三方支付）**

  就是在交易過程中，除了買賣雙方外由具有實力及公信力的「第三方」設立公開平台，做為銀行、商家及消費者間的服務管道代收與代付金流，就可稱為第三方支付。第三方支付機制建立了一個中立的支付平台，為買賣雙方提供款項的代收代付服務。

- **Traffic（流量）**

  是指該網站的瀏覽頁次（Page view）的總合名稱，數字愈高表示你的內容被點擊的次數越高。

■ Trusted Service Manager, TSM（信任服務管理平台）

是銀行與商家之間的公正第三方安全管理系統，也是一個專門提供 NFC 應用程式下載的共享平台，主要負責中間的資料交換與整合，在台灣建立 TSM 平台的業者共有四家，商家可向 TSM 請款，銀行則付款給 TSM。

■ Ubiquinomics（隨經濟）

盧希鵬教授所創造的名詞，是指因為行動科技的發展，讓消費時間不再受到實體通路營業時間的限制，行動通路成了消費者在哪裡，通路即在哪裡，消費者隨時隨處都可以購物。

■ Ubiquity（隨處性）

能夠清楚連結任何地域位置，除了隨處可見的行銷訊息，還能協助客戶隨處了解商品及服務，滿足使用者對即時資訊與通訊的需求。

■ Unstructured Data（非結構化資料）

是指那些目標不明確，不能數量化或定型化的非固定性工作、讓人無從打理起的資料格式，例如社交網路的互動資料、網際網路上的文件、影音圖片、網路搜尋索引、Cookie 紀錄、醫學記錄等資料。

■ Upselling（向上銷售、追加銷售）

鼓勵顧客在購買時是最好的時機進行追加銷售，能夠銷售出更高價或利潤率更高的產品，以獲取更多的利潤。

■ Unique Page view（不重複瀏覽量）

是指同一位使用者在同一個工作階段中產生的網頁瀏覽，也代表該網頁獲得至少一次瀏覽的工作階段數（或稱拜訪次數）。

■ Unique User, UV（不重複訪客）

在特定的時間內時間之內所獲得的不重複（只計算一次）訪客數目，如果來造訪網站的一台電腦用戶端視為一個不重複訪客，所有不重複訪客的總數。

■ Uniform Resource Locator, URL（全球資源定址器）

主要是在 WWW 上指出存取方式與所需資源的所在位置來享用網路上各項服務，也可以看成是網址。

■ User（使用者）

在 GA 中，使用者指標是用識別使用者的方式（或稱不重複訪客），所謂使用者通常指同一個人，「使用者」指標會顯示與所追蹤的網站互動的使用者人數。例如如果使用者 A 使用「同一部電腦的相同瀏覽器」在一個禮拜內拜訪了網站 5 次，並造成了 12 次工作階段，這種情況就會被 Google Analytics 紀錄為 1 位使用者、12 次工作階段。

■ User Generated Content, UCG（使用者創作內容）

是代表由使用者來創作內容的一種行銷方式，這種聚集網友創作來內容，也算是近年來蔚為風潮的內容行銷手法的一種。

■ User Interface, UI（使用者介面）

是一種虛擬與現實互換資訊的橋樑，以浩瀚的網際網路資訊來說，UI 是人們真正會使用的部分，它算是一個工具，用來和電腦做溝通，以便讓瀏覽者輕鬆取得網頁上的內容。

■ User Experience, UX（使用者體驗）

著重在「產品給人的整體觀感與印象」，這印象包括從行銷規劃開始到使用時的情況，也包含程式效能與介面色彩規劃等印象。所以設計師在規劃設計時，不單只是考慮視覺上的美觀清爽而已，還要考慮使用者使用時的所有細節與感受。

■ Urchin Tracking Module, UTM

UTM 是發明追蹤網址成效表現的公司縮寫，作法是將原本的網址後面連接一段參數，只要點擊到帶有這段參數的連結，Google Analytics 都會記錄其來源與在網站中的行為。

■ Video On Demand, VOD（隨選視訊）

是一種嶄新的視訊服務，使用者可不受時間、空間的限制，透過網路隨選並即時播放影音檔案，並且可以依照個人喜好「隨選隨看」，不受播放權限、時間的約束。

■ Viral Marketing（病毒式行銷）

身處在數位世界，每個人都是一個媒體中心，可以快速的自製並上傳影片、圖文，行銷如病毒般擴散，並且一傳十、十傳百的快速轉寄這些精心設計的

商業訊息，病毒行銷要成功，關鍵是內容必須在「吵雜紛擾」的網路世界脫穎而出，才能成功引爆話題。

■ Virtual Hosting（虛擬主機）

是網路業者將一台伺服器分割模擬成為很多台的「虛擬」主機，讓很多個客戶共同分享使用，平均分攤成本，也就是請網路業者代管網站的意思，對使用者來說，就可以省去架設及管理主機的麻煩。

■ Virtual Reality Modeling Language, VRML（虛擬實境技術）

是一種程式語法，主要是利用電腦模擬產生一個三度空間的虛擬世界，提供使用者關於視覺、聽覺、觸覺等感官的模擬，利用此種語法可以在網頁上建造出一個 3D 的立體模型與立體空間。VRML 最大特色在於其互動性與即時反應，可讓設計者或參觀者在電腦中就可以獲得相同的感受，如同身處在真實世界一般，並且可以與場景產生互動，360 度全方位地觀看設計成品。

■ Visibility（廣告能見度）

廣告的能見度就是指廣告有沒有被網友給看到，也就是確保廣告曝光的有效性，例如以 IAB/MRC 所制定的基準，是指影音廣告有 50% 在持續播放過程中至少可被看見兩秒。

■ Voice Assistant（語音助理）

就是依據使用者輸入的語音內容、位置感測而完成相對應的任務或提供相關服務，讓你完全不用動手，輕鬆透過說話來命令機器打電話、聽音樂、傳簡訊、開啟 App、設定鬧鐘等功能。

■ Web Analytics（網站分析）

所謂網站分析就是透過網站資料的收集，進一步作為一種網站訪客行為的研究，接著彙整成有用的圖表資訊，透過這些所得到的資訊與關鍵績效指標來加以判斷該網站的經營情況，以作為網站修正、行銷活動或決策改進的依據。

■ Webinar

是指透過網路舉行的專題討論或演講，稱為「網路線上研討會」（Web Seminar 或 Online Seminar），目前多半可以透過社群平台的直播功能，提供演講者與參與者更多互動的新式研討會。

■ Website（網站）

就是用來放置網頁（Page）及相關資料的地方，當我們使用工具設計網頁之前，必須先在自己的電腦上建立一個資料夾，用來儲存所設計的網頁檔案，而這個檔案資料夾就稱為「網站資料夾」。

■ White hat SEO（白帽 SEO）

所謂白帽 SEO（White hat SEO）是腳踏實地來經營 SEO，也就是以正當方式優化 SEO，核心精神是只要對用戶有實質幫助的內容，排名往前的機會就能提高，例如加速網站開啟速度、選擇適合的關鍵字、優化使用者體驗、定期更新貼文、行動網站優先、使用較短的 URL 連結等。

■ Widget Ad

是一種桌面的小工具，可以在電腦或手機桌面上獨立執行，讓店家花極少的成本，就可迅速匯集超人氣，由於手機具有個人化的優勢，算是目前市場滲透率相當高的行銷裝置。

讀者回函

讀者回函

GIVE US A PIECE OF YOUR MIND

感謝您購買本公司出版的書,您的意見對我們非常重要!由於您寶貴的建議,我們才得以不斷地推陳出新,繼續出版更實用、精緻的圖書。因此,請填妥下列資料(也可直接貼上名片),寄回本公司(免貼郵票),您將不定期收到最新的圖書資料!

購買書號: 　　　　**書名:**

姓　　名:＿＿＿＿＿＿＿＿＿＿＿＿＿＿＿＿＿＿＿＿＿

職　　業:□上班族　　□教師　　□學生　　□工程師　　□其它

學　　歷:□研究所　　□大學　　□專科　　□高中職　　□其它

年　　齡:□10~20　　□20~30　　□30~40　　□40~50　　□50~

單　　位:＿＿＿＿＿＿＿＿＿＿＿部門科系:＿＿＿＿＿＿＿＿

職　　稱:＿＿＿＿＿＿＿＿＿＿＿聯絡電話:＿＿＿＿＿＿＿＿

電子郵件:＿＿＿＿＿＿＿＿＿＿＿＿＿＿＿＿＿＿＿＿＿＿

通訊住址:□□□＿＿＿＿＿＿＿＿＿＿＿＿＿＿＿＿＿＿＿
＿＿＿＿＿＿＿＿＿＿＿＿＿＿＿＿＿＿＿＿＿＿＿＿＿＿＿

您從何處購買此書:

□書局＿＿＿＿＿　□電腦店＿＿＿＿＿　□展覽＿＿＿＿＿　□其他＿＿＿＿＿

您覺得本書的品質:

內容方面:　□很好　　　□好　　　□尚可　　　□差

排版方面:　□很好　　　□好　　　□尚可　　　□差

印刷方面:　□很好　　　□好　　　□尚可　　　□差

紙張方面:　□很好　　　□好　　　□尚可　　　□差

您最喜歡本書的地方:＿＿＿＿＿＿＿＿＿＿＿＿＿＿＿＿

您最不喜歡本書的地方:＿＿＿＿＿＿＿＿＿＿＿＿＿＿＿

假如請您對本書評分,您會給(0~100分):＿＿＿＿＿ 分

您最希望我們出版那些電腦書籍:

請將您對本書的意見告訴我們:

您有寫作的點子嗎?□無　□有　專長領域:＿＿＿＿＿＿＿＿

博碩文化網站　　http://www.drmaster.com.tw

歡迎您加入博碩文化的行列哦!

✂請沿虛線剪下寄回本公司

Give Us a Piece Of Your Mind

廣　告　回　函
台灣北區郵政管理局登記證
北台字第 4 6 4 7 號
印 刷 品 · 免 貼 郵 票

221

博碩文化股份有限公司　產品部

新北市汐止區新台五路一段112號10樓A棟

如何購買博碩書籍

全 省書局

請至全省各大書局、連鎖書店、電腦書專賣店直接選購。

（書店地圖可至博碩文化網站查詢，若遇書店架上缺書，可向書店申請代訂）

信 用卡及劃撥訂單（優惠折扣85折，未滿1,000元請加運費80元）

請於劃撥單備註欄註明欲購之書名、數量、金額、運費，劃撥至

帳號：17484299　戶名：博碩文化股份有限公司，並將收據及

訂購人連絡方式傳真至(02)26962867。

線 上訂購

請連線至「博碩文化網站 http://www.drmaster.com.tw」，於網站上查詢

優惠折扣訊息並訂購即可。